MidJourney
AI室内设计基础与应用

周贤 编著

人民邮电出版社
北京

图书在版编目（ＣＩＰ）数据

Midjourney AI室内设计基础与应用 / 周贤编著. --
北京 : 人民邮电出版社，2024.7
ISBN 978-7-115-63976-9

Ⅰ. ①M… Ⅱ. ①周… Ⅲ. ①室内装饰设计 Ⅳ.
①TU238.2

中国国家版本馆CIP数据核字(2024)第056105号

内 容 提 要

这是一本介绍如何利用 AI 工具来辅助室内设计的图书。本书详细剖析 AI 工具在室内设计领域中的应用及相关操作方法，让读者接触并拥抱 AI 工具，紧跟时代的脚步，更高效地开展室内设计工作。

本书选用比较有代表性的 AI 工具 Midjourney 和 ChatGPT。全书内容均以"AI 工具辅助实际工作"为宗旨，全面讲解室内设计中可以利用 AI 工具辅助完成的工作内容，以及如何使用对应的 AI 工具，让读者能真正地将 AI 工具落实到工作流中。

本书适合作为室内设计从业者的辅助用书，从 AI 软件应用和室内设计流程的关联着手，带给相关从业者设计方法和启发。

◆ 编　著　周　贤
　　责任编辑　王　冉
　　责任印制　陈　犇
◆ 人民邮电出版社出版发行　　北京市丰台区成寿寺路 11 号
　　邮编　100164　　电子邮件　315@ptpress.com.cn
　　网址　https://www.ptpress.com.cn
　　中国电影出版社印刷厂印刷
◆ 开本：787×1092　1/16
　　印张：11.75　　　　　　　2024 年 7 月第 1 版
　　字数：381 千字　　　　　　2024 年 7 月北京第 1 次印刷

定价：89.80 元

读者服务热线：(010)81055410　印装质量热线：(010)81055316
反盗版热线：(010)81055315
广告经营许可证：京东市监广登字 20170147 号

前言

现在AI技术已经非常普及，涉及的行业也非常广。室内设计同样避不开AI技术带来的"冲击"。在这个过程中，有人担忧，有人高兴，有人选择抗拒，也有人选择接受。

希望通过本书的学习，读者能对AI技术有一个正确的认识，学会合理利用AI工具。时代的进步往往会伴随一些未知的情况，人们或多或少会感到不安，甚至害怕，但总有开拓者，为什么我们不能做开拓者呢?希望读者战胜对未知的不安，拥抱AI。

本书以Midjourney和ChatGPT为例，讲解如何利用AI工具辅助室内设计。注意，本书的重点并不是明确地告诉读者要使用哪款AI工具来辅助室内设计，而是希望读者能够举一反三，掌握利用AI工具辅助室内设计的思路和方法，即如何衔接AI工具与传统的室内设计流程，从而简化设计流程，提高设计效率。本书会在实际设计流程中讲解AI工具的应用方法，内容安排如下。

第1章： 让读者了解AI，明确AI在行业中的定位。

第2章： 介绍Midjourney的使用方法。

第3章： 介绍ChatGPT的使用方法 。

第4~6章： 介绍AI工具辅助室内家装设计项目的流程与方法。

第7~9章： 介绍AI工具辅助室内工装设计项目的流程与方法。

最后，感谢所有读者的认可，感谢出版社每一位工作人员的付出。一起加油！

编者
2024年3月

资源与支持

本书由"数艺设"出品,"数艺设"社区平台（www.shuyishe.com）为您提供后续服务。

配套资源

室内设计常用提示词电子书

资源获取请扫码

(提示: 微信扫描二维码关注公众号后, 输入51页左下角的5位数字, 获得资源获取帮助。)

"数艺设"社区平台，为艺术设计从业者提供专业的教育产品。

与我们联系

我们的联系邮箱是 szys@ptpress.com.cn。如果您对本书有任何疑问或建议, 请您发邮件给我们, 并请在邮件标题中注明本书书名及ISBN, 以便我们更高效地做出反馈。

如果您有兴趣出版图书、录制教学课程, 或者参与技术审校等工作, 可以发邮件给我们。如果学校、培训机构或企业想批量购买本书或"数艺设"出版的其他图书, 也可以发邮件联系我们。

关于"数艺设"

人民邮电出版社有限公司旗下品牌"数艺设", 专注于专业艺术设计类图书出版, 为艺术设计从业者提供专业的图书、视频电子书、课程等教育产品。出版领域涉及平面、三维、影视、摄影与后期等数字艺术门类, 字体设计、品牌设计、色彩设计等设计理论与应用门类, UI设计、电商设计、新媒体设计、游戏设计、交互设计、原型设计等互联网设计门类, 环艺设计手绘、插画设计手绘、工业设计手绘等设计手绘门类。更多服务请访问"数艺设"社区平台www.shuyishe.com。我们将提供及时、准确、专业的学习服务。

目录

第 1 章

了解AI，明确行业定位

本章主要介绍AI工具在室内设计行业中的应用理念，帮助读者了解AI工具的作用和定位。希望通过本章的学习，读者能够正确地看待AI工具与室内设计的关系，主动拥抱新技术。

1.1 AI已走进各行各业

AI的出现将改变许多行业的规则和工作流程，读者应该了解所关注行业的传统工作流程和AI带来的改变，理性对待这一现象，并确立学习AI工具的目标。

1.1.1 AI应用的影响

AI（人工智能）的出现非常早，早年它只存在于科研一线，并没有得到普及。就在几年前，很多人对AI的态度和认知还是"与我无关""离我很远"。短短几年后，如今几乎每个人都知道AI的存在，并对此产生了不同的看法，有的人会借助AI来获得更好的发展机会，而有的人则担心自己会被AI取代。其实，后者并没有正确认识到AI在各行业发挥的巨大作用。

AI的发展速度之快、应用范围之广，让许多行业发生了巨大的变化。过去常常认为AI只能在一些大公司、大项目和大型机械化流水线上应用，然而现在每个人都能接触并使用AI软件，许多行业也进入了应用AI的时代。建筑、物流、咨询服务、自动化、电商、金融等行业都因AI而发生了巨大的变化。对于行业来说，这无疑是一种进步，尽管部分工种会被AI取代。

例如，在物流业，无人机快递曾经需要人工操控飞行，而现在已经完全可由AI工具控制，控制形式从每人控制一台机器转变为借助AI同时控制多台机器；在客户咨询方面，以前公司需要雇佣大量业务咨询员，而现在AI工具可以应对大量咨询需求，并且效率很高。毫无疑问，产能和效益由于AI工具的应用得到了显著提升，这对行业的发展来说是一件好事。

1.1.2 理性对待，拥抱AI

如果单纯地从AI取代我们工作岗位的角度来看，AI的确让人担心。不过，笔者希望大家能有一个正确认知，不仅是对AI的认知，更多的是对自己的职业规划或职业理想的认知。这在学习AI之前非常重要。

能被AI取代的岗位大多具有一些共性，如"可以被固化运营的""不需要主观创新的""基础且重复性高的"等。举个例子，传统的数据整理员在计算机上整理每个季度、每种产品的所有数据，计算出不同产品的投入产出比，以便进行下一季度的产品规划。在这个例子中，整理员的工作流程是固定的，步骤也是确定的，不需要创新，每一个季度都是重复的过程，即整理现有的数据并进行分析。大多数这种模式的岗位是不是很容易被AI工具直接取代?人工需要几天才能完成的工作，AI工具可能只需要1分钟。

面对这一情况，大家应理性对待，在提高自己的不可替代性的同时，还要学会使用AI工具来提高工作效率，使AI工具从竞争者变为自己的得力助手。

1.2 AI在室内设计领域的作用

回到本书要讨论的室内设计行业。有些人认为室内设计师也会被AI工具取代，但笔者持不同看法。笔者认为，AI能给室内设计师带来巨大的帮助而非威胁，因为需要人与人之间交流的职业充满了人情和不确定性，所以充满沟通交流的设计行业是不可能被AI完全替代的。

室内设计是一个比较大的传统设计门类，在AI工具出现之前已经有了一套完善的设计流程。随着AI工具的加入，设计师们应该对比传统流程与AI工具辅助下工作流程的变化，明确AI工具的作用和自身的定位。

1.2.1 AI辅助室内设计工作流程

传统的室内设计工作流程包括设计师与客户初步交流、上门量房、设计效果图、与客户确认、画施工图及施工。在这个过程中，最重要的是客户确认效果图环节。大多数客户都需要看到自己房子装修后的样子，并且满意后才会签单。

在传统的绘制效果图步骤中，比较烦琐的事情是改方案。由于绘图的时间较长，最快也需要一天，因此当设计师忙碌时，可能需要几天才能给客户展示图纸。如果客户对方案不满意，修改方案又会耗费大量时间。

如果用AI辅助室内设计，就可以让AI工具来绘制效果图草图。短时间内AI工具可以给出非常多的设计方案供客户选择，并且可以根据需求即时更改。等客户确定方案后，再重新根据客户定案来绘制效果图。这样就能节省巨大的时间成本，同时极大地提升客户的体验（不用等几天才能看到一个新的方案）。

需要注意的一点是，即使客户满意也不要直接使用AI工具生成的图作为定稿，因为目前AI工具还不具备精确的绘图能力，其随机性较大，无法准确匹配现场量房得到的真实尺寸。

除了辅助绘图，AI工具还可以充当知识顾问。在项目前期准备阶段，通过AI工具可以快速获取大量信息和方案建议，非常方便。特别是对于新手来说，AI工具就像一位经验丰富的室内设计师。

1.2.2 明确自身和AI的位置

AI工具不是设计师，也不是绘图员，它只是一个能够节省大量时间成本的工具。设计师必须利用这些省出来的时间去学习和提升，让自身有更高的设计水平、更好的业务能力和更强的交际能力。

对于聊天类AI工具给我们的便捷资讯和建议，设计师也应当有判别能力，仅将其用于参考，千万不要AI说什么，就跟着去做。

1.3 AI软件的选择

对于AI工具的选择，这是一个见仁见智的问题，笔者推荐的是Midjourney和ChatGPT。本节会给出相关建议。

1.3.1 选择辅助室内设计的AI软件

现在AI软件已经非常多了，其实选择哪个都是可以的，只要适合自己即可。

不过，选择时可遵循的原则有两条：首先，要选择方便移动办公的软件；其次，尽可能不要同时使用太多AI软件。使用AI是为了方便工作，虽然配合使用多款AI软件可能会得到更好的结果，但是设计师需要综合考虑，精简工作流程。如果是在学习阶段，则建议多款AI软件一起尝试，但落实到工作流程时就需要尽量精简。

这里推荐两款AI软件：Midjourney和ChatGPT。本书也会以这两款软件作为基础工具来进行AI辅助室内设计的讲解。

选择Midjourney不仅因为它是AI绘图领域的头部产品之一，用法简单且功能强大，还因为它是在云端完成计算的，不需要占用本地资源，也就是说，即便使用手机也可以实现即时生图。

选择ChatGPT的原因是它是聊天类的头部AI产品之一，简单易用，在全球非常受欢迎，其生成质量让人惊叹。有了ChatGPT，设计师相当于多了一个室内设计顾问。

1.3.2 室内设计方向学习AI软件的建议

选用Midjourney和ChatGPT就能非常好地辅助室内设计工作了。如果只是辅助室内设计，读者可以针对性地把Midjourney中室内设计方向涉及的功能掌握好，对于一些额外的功能，可以在业余或者空闲时间进行补充学习。本书也会选择室内设计领域中常用的功能进行详细讲解，略讲不常用的功能。至于ChatGPT，它的用法很简单，进行聊天问答即可。

在学会AI软件的操作之后，比较重要的就是要掌握如何利用这个工具进行工作，不要只是简单地学会如何使用它。这一点非常重要，因为AI软件的命令并不难，难点在于如何合理地将其融入工作流程。希望读者通过本书的学习能够举一反三。

第 2 章

Midjourney在室内设计中的基础操作

本章介绍Midjourney的基本操作和在室内设计中的常用命令。通过本章的学习,读者能够掌握以文生图、以图生图的原理和方法,并能通过相关参数控制生成图的效果,为后续室内设计应用打下良好的基础。

2.1 Midjourney基础配置

本节介绍Midjourney的基本操作和用法。读者要明白Midjourney和Discord的关系，打开Midjourney的官方网站，这是一个图片展示页面，这里会显示Midjourney生成的图片。

Midjourney官网只作展示用途，要操控Midjourney生成图片，则需要打开Discord的网站。Discord是一个即时通信社群，且Discord和Midjourney的账号是通用的。设计师要在Discord中使用Midjourney。

当注册好两个网站的账号后（其实为同一个账号），进入Discord。默认情况下会看到Midjourney的官方频道，其中会显示官方的各种信息。加入该频道。

接下来要做的就是创建频道，然后把Midjourney Bot"拉到"自己的频道，从而利用Midjourney Bot来生成图片。以下是Midjourney的基本使用方法。

01 单击左上角的 █，然后在"创建服务器"对话框中选择"亲自创建"，接着选择"仅供我和我的朋友使用"，最后为服务器命名即可。

02 进入创建好的服务器，页面中间有"欢迎来到室内设计"，这是因为服务器被命名为了"室内设计"。

03 将Midjourney Bot"拉到"服务器中。在左边单击Midjourney官方频道图标，进入官方频道界面，单击右上角的"显示成员名单"按钮，右边会显示当前所有成员的名单。

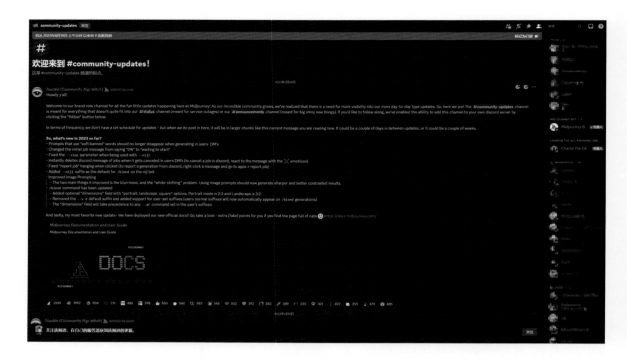

04 在这里找到Midjourney机器人，即Midjourney Bot。

05 单击Midjourney Bot，在弹出的对话框中单击"添加至服务器"按钮，然后选择刚才创建的服务器，授权即可。

06 授权后Midjourney Bot会添加到服务器，单击服务器图标即可回到"室内设计"服务器。现在就可以使用Midjourney Bot来生成图片了。

07 在指令框中输入"/"，会弹出Midjourney Bot的所有指令。这里显示的只是其中一部分，往下滚动页面会显示更多指令。对于辅助室内设计来说，真正需要用到的指令其实并不多，操作也比较简单。

08 输入"/"，选择"/imagine"，指令就会出现在指令框中，这就是生成图片的指令。

09 在"prompt"后面的蓝色框中输入提示词，即让Midjourney Bot绘制的内容。直接输入"Interior design"（室内设计），按Enter键发送，稍等片刻，Midjourney Bot会生成4张以室内设计为主题的图片。

10 单击图片可以放大查看。可以看到，只是输入了"Interior design"作为提示词，就能得到4张质量比较高的设计图。这就是Midjourney生成图片的过程。

2.2 Midjourney指令详解

本节将介绍室内设计中需要用到的指令，笔者将它们分为两大类，即生成图片的指令和非生成图片的指令。

2.2.1 生成图片的指令

生成图片的指令主要有4个，它们的功能分别是生成图片、设置、融合和描述，下面依次介绍。

» /imagine

这是常用的生成图片的指令，前面已经介绍过用法，这里就不重复叙述了。

» /settings

在指令框中输入"/"，选择"/settings"，然后按Enter键发送指令，Midjourney Bot会发送过来一系列设置指令，这些指令相当于软件中的系统设置。其中，绿色的表示当前处于启用状态。

单击"Midjourney Model V5.2"，会弹出一个下拉列表，提供了Midjourney的可选版本，一般选择最新版本即可。本书采用的为V5.2，读者默认选择"Midjourney Model V5.2"即可。如果在设计时需要选择特定版本或旧版本画风，可以根据情况进行设置。

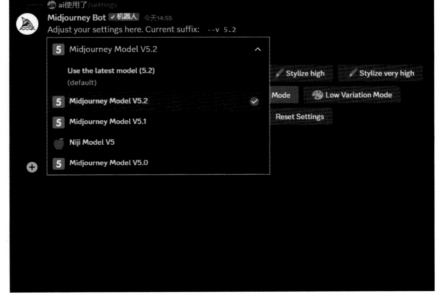

选择"Midjourney Model V4",同样使用"Interior design"作为提示词,可以对比V5.2和V4的生成效果,发现差距是比较大的,因此建议选择最高版本。

- **RAW Mode:** 在这个模式之下，Midjourney生成的图片会更加注重真实性和自然感。不启用RAW Mode时，AI的艺术性很强，图片的艺术表达更强；启用RAW Mode时，AI的艺术性没那么强，生成的效果更加贴近现实和自然。

不启用

启用

- **Stylize：**表示风格化处理，一共有4个级别，分别是Stylize low、Stylize med、Stylize high和Stylize very high，层级逐渐升高，默认时为med（中）。层级越高，Midjourney自由发挥的空间越大，甚至脱离室内设计的实际需求，俗称"设计脱轨"。因此，笔者建议一般情况下保持默认即可。

Stylize med

Stylize very high

- **Public mode:** 表示公共模式，默认为开启状态，关闭后其他用户看不到生成的图片，属于高级会员功能。

- **Remix mode:** 表示重新混合，默认为开启。笔者建议保持开启状态，可以在刷新图片的时候弹出Remix窗口来更新提示词。

- **High Variation Mode/Low Variation Mode:** 分别表示高变化模式和低变化模式，默认为高。Midjourney每次会生成4张图片，总体的风格化级别在前面的Stylize中进行选择，这里选择的是4张图之间的差异化级别。High Variation Mode激活时4张图之间风格差异会大一些，Low Variation Mode激活时4张图之间风格差异就会小一些。

- **Turbo mode/Fast mode/Relax mode:** 用于控制生成图片的速度，分别为极速、快速和慢速，这是高级会员才可调整的功能。

- **Reset Settings:** 用于重置设置。

» /blend

用于让不同的图片融合在一起。这里可以让本地的图片来参与融合，默认为两张，单击"增加"可以增添图片，当前版本最多可融合5张。

为了方便读者理解，下面演示图片融合操作。选择一张人物图作为image1，选择一张毛坯房图作为image2。

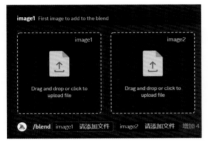

image1   image2

01 将两张图片分别上传到Midjourney的image1和image2图片框中。

02 按两次Enter键，Midjourney会生成融合后的图片，此例中将image1中的小孩放到了image2中的毛坯房里。注意，虽然生成的毛坯房与原图很像，但并不是完全一样的，如窗户样式不同，这属于Midjourney的融合重绘，并非"P图"。

03 增加一张图片进行融合。例如，增加一张客厅的图片作为image3，Midjourney会在生成的图中加入image3中的风格。

image3

最终效果

此功能可以快速地将客户喜欢的参考图风格融合起来以作为参考，但效果存在一定的缺陷，即单靠融合无法生成一张合理的室内设计图。因此，其只能作为一个辅助工具使用。

» /describe

该指令用于描述，即根据图片生成提示词。下面以这张图片为例进行说明。

01 选择"/describe"指令，然后上传图片。

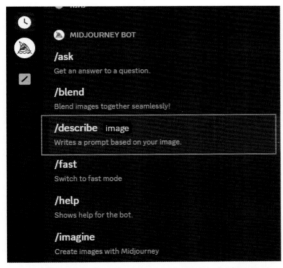

02 按两次Enter键，Midjourney会生成4组提示词。

03 这时可以随意选一组提示词进行复制，直接用"/imagine"指令结合这组提示词来生成图片。这里复制并使用第1组提示词，生成的图片风格是比较接近原图的。

2.2.2　非生成图片的指令

非生成图片的指令对于辅助室内设计来说，大概率是用不到的，不过既然要使用Midjourney，了解一些基本指令可以应对不时之需。

- **/ask：** 可以向Midjourney提一些与Midjourney相关的问题。
- **/help：** 相当于一般软件中的help，提供Midjourney的操作指南。
- **/info：** 即用户信息查询，可以查到账号的相关信息，如快速生成图片剩余时间、已生成图片数量等。

2.3 以文生图

以文生图即通过提示词来生成图片。前面演示了如何利用"Interior design"来生成图片，但单靠一个词，范围比较广，无法满足精确匹配的需求。

一般来说，常用的提示词格式如下。

核心主体词 + 环境词 + 风格词 + 清晰度词

下面以"一只赛博朋克风格的狗在沙漠里"为例对提示词进行拆解。

一只狗（核心主体词），沙漠（环境词），赛博朋克（风格词），4K（清晰度词）

那么要输入的提示词如下。注意，提示词要用逗号隔开，标点符号为半角符号。字母大小写均可，读者可根据个人习惯选择。

A dog,Desert,Cyberpunk,4K

这是一个比较常用的格式，但并不是唯一答案。提示词的作用是"告诉"Midjourney需要画什么，即让Midjourney知道用户的意图。回到室内设计，这里提供一个简单的提示词格式，读者可以根据这个格式去进行应用，找到满足自己需求的提示词组合。

主体描述词 + 所需元素词 + 摄影参数

- **主体描述词：** 如室内设计、卧室、波希米亚风格等。可以简单描述主体，也可以增加详细描述让结果更加精准，比如将"波希米亚风格"变为"以粉色为主的波希米亚风格"。

- **所需元素词：** 如圆床等。同样，对所需元素可以进行更加详细的描述，比如将"圆床"变为"蓝色的圆床"。

- **摄影参数：** 如4K等。这里也可以按需增加其他描述词，如俯视图、透视图等。对于室内设计来说，不写摄影参数也是可以的，因为Midjourney是默认偏写实的，本来就比较适配室内设计。

下面以"一个波希米亚风格的卧室，带有圆床"为例，按格式提取提示词。

室内设计 + 卧室 + 波希米亚风格 + 圆床 +4K

提示词如下。

Interior design,Bedroom,Bohemian style,Round bed,4K

下面尝试在这组提示词的基础上进行细化，比如圆床是粉色的，那么就需要在"圆床"这个提示词中加上"粉色"来修饰。

Interior design,Bedroom,Bohemian style,Pink round bed,4K

2.4 以图生图

以图生图的操作也比较简单，将要垫的图片上传到Midjourney，得到该图片的服务器地址，然后利用"/imagine"指令、提示词和该图片的地址生成新的图片。下面参考这张图片的风格来生成新的室内设计图。

01 单击指令框中的，然后单击"上传文件"，把要垫的图片上传。

02 按Enter键，将图片发送给Midjourney，频道中会出现这张图。单击图片可以将其放大。

03 将鼠标指针放在图片上,单击鼠标右键,选择"复制图片地址"。这样就得到了该图片在Midjourney中的地址。

04 在"/imagine"指令中,按快捷键Ctrl+V粘贴图片的地址,然后按Space键,并输入"Interior design"。注意,图片地址和提示词缺一不可。

05 按Enter键发送,可以发现生成的图与垫的图并不是很像。这和图片的权重和垫图数量有关。

06 对于室内设计来说，以图生图的目的是尝试把已有图片的不同风格混合起来，让Midjourney提供更多样性的参考，比如在上面参考图的基础上再垫一张图，效果就会更多元化。

垫图

最终效果

2.5 后缀详解

输入提示词后，还可以输入后缀来得到一些特定的效果，常用的后缀如下。

--ar

--c

--s

--q

--stop

--iw

--seed

--no

--tile

--r

2.5.1 --ar

该后缀主要用于设置宽高比，通常在结尾处输入，格式为" --ar 比例"，注意--ar的前后均有空格。例如，要得到16：9的图片比例，其后缀如下。

Interior design --ar 16:9

2.5.2 --c

　　该后缀用于控制生成的4张图片的风格统一性，格式标准与--ar的类似。其数值范围为0~100，默认为0。数值越大，4张图的风格差异越大。

Interior design --c 0

2.5.3 --s

　　该后缀的数值范围为0~1000，用于控制全部4张图片的风格。数值越小，生成的图片越接近提示词、效果越常规；数值越大，Midjourney的自主发挥空间就越大，容易出现一些新奇的创意，也容易偏离提示词指明的本来效果。注意，--c控制的是4张图片之间的风格化差异，--s控制的是整体的风格化差异。

　　现在用下面的提示词来进行测试。

Chinese style,Interior design --s 0

　　可见在数值为1000时，Midjourney加入了非常多的创意效果，不少元素也偏离了中式设计，所以这个参数很重要。如果想设计得保守一点，可以设置为0（默认为100）；如果想效果更有创意，可以尝试把数值调大一些。

2.5.4 --q

该后缀主要用于控制渲染质量，相当于三维软件中的质量控制，质量越低，速度越快，反之越慢。数值可取0.25、0.5和1，默认为1，也就是说Midjourney默认的是最高渲染质量。虽然可以选择降低渲染质量来加快渲染速度，但Midjourney在最高质量模式下的渲染速度也不会很慢，所以建议保持默认设置，没必要像使用三维软件那样去控制渲染时间。

2.5.5 --stop

该后缀主要控制渲染停止时的效果，数值范围为10~100，默认为100，表示100%的渲染。读者可以将这个参数理解为让Midjourney渲染多少。对于室内设计来说，考虑到Midjourney的效率，保持默认设置即可。

Chinese style,Interior design --stop 30

2.5.6 --iw

该后缀主要用于控制上传图片的权重，数值范围为0~2，默认为1。数值越高，生成的图片就越接近上传的图片。以这张室内效果图为例，将其作为垫图，并以"Bedroom"作为提示词。

垫图地址 Bedroom --iw 0

2.5.7　--seed

　　该后缀主要用于绘制相同特征的关联画面,可指定seed值。比如,要生成一个男性人物,每次Midjourney生成的都是随机的面孔,如果看中了某一张图,就可以将其seed值提取出来,然后在生成图片前在提示词结尾加上"--seed"和提取的seed值,让生成的图片和参考图的风格特征相同。

　　下面以在室内设计领域的应用进行举例。首先生成4张卧室设计图。现在想用提示词"Interior design,Living room"来生成与卧室设计图风格特征相同的客厅设计图,但Midjourney都是随机生成图片的,应该如何解决呢?

01 找出4张卧室图片的seed值。在Midjourney生成的4张图上单击鼠标右键，执行"添加反应"命令。

02 在弹出的窗口输入"env"，找到"小信封"图标并单击。

03 Midjourney Bot会发送私信，信中就有这4张图的seed值，它们都是一样的。

04 在提示词后面加上seed值，相同的特征会迁移到新图。注意，在后续刷图时也可以通过保留seed值来不断随机创作，且保持固有特征。

Interior design,Living room --seed 1139747438

2.5.8 --no

该后缀主要用于负向描述，即描述不希望出现的东西，在--no后添加不想出现的内容即可，每个词用逗号隔开。注意，使用--no只能尽可能地去除内容，并不能100%消除。例如，绘制卧室时输入"--no Bed"，Midjourney还是有可能生成床。

2.5.9 --tile

该后缀主要用于制作无缝贴图，例如需要一张大理石贴图，那么直接用提示词"Marble Texture"来生成，不一定能得到无缝贴图。

Marble Texture

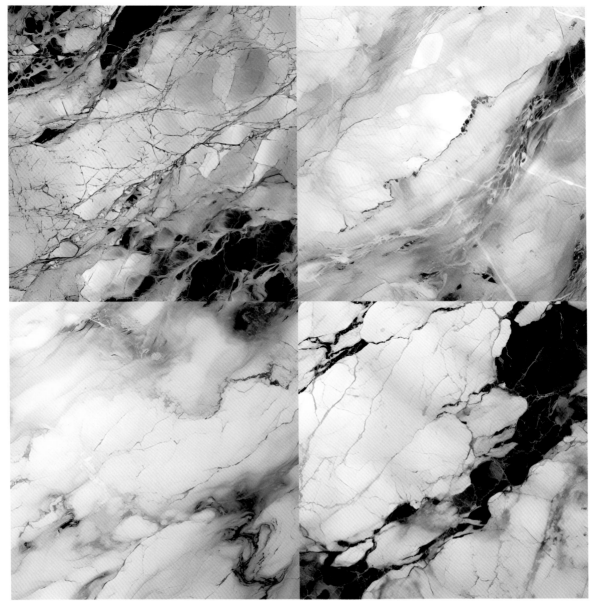

对于室内贴图素材来说，很多时候都需要是无缝的，比如让一面很大的墙体铺满大理石，在三维渲染时就需要用到大理石无缝贴图素材。在提示词结尾加上"--tile"即可生成无缝贴图。

Marble Texture --tile

2.5.10 --r

这是生成多组图片的后缀。默认情况下Midjourney一次生成一组（4张）图片，而利用--r就可以一次生成多组，数值范围为1~40，默认为1。如果要一次得到两组（8张）图片，那么在提示词结尾输入"--r 2"即可。

2.6 后缀在室内设计中的应用

如果想要Midjourney生成一些书房来进行参考，那么肯定需要得到不同设计风格的效果。学习了前面的后缀，现在来应用一下。

01 以"Interior design,Study room"为提示词配合后缀生成书房。"--s 250"可以让Midjourney有很大的自主发挥空间（数值再高容易偏离提示词，会产生很多用不上的图）；"--c 100"可以让4张图片之间的差异更大，因为现在的目的是得到不同的风格参考。

Interior design,Study room --s 250 --c 100

02 因为指定了"--s 250"，所以Midjourney的自主发挥空间比较大，可以看到第3张图已经不是书房了。假设4张都没有入选，那么可以单击⟳进行刷新。

03 此时会弹出一个对话框，如果直接提交，则会按照旧的提示词重新生成，即"刷图"。当然也可以适当调整提示词或后缀，比如修改"--s 250"为"--s 50"，"--c 100"为"--c 50"，即不让Midjourney有太大的自主发挥空间，让4张图之间的差异也小一点。单击"提交"按钮。

04 在新生成的4张图片下面同样有"U1""U2""U3""U4""V1""V2""V3""V4"按钮。U代表放大对应图片，比如单击"U1"按钮，会放大第1张图片；V代表以对应图片为基础来进行扩展，生成相似的图片。

05 一般在最终确定图片后会使用U按钮，在初步确定后想要继续扩展一下内容时会使用V按钮。假设现在看中了4号图片，但认为仍有优化空间，希望以4号图片为基础来进行扩展。此时可单击"V4"按钮，这里不进行任何修改，直接提交。

06 现在就有了4张与4号图很相近的新图。如果不满意，可以直接刷新，也可以继续用某张图来扩展。假设现在比较中意1号图，即确定使用1号图，那么单击"U1"按钮，Midjourney就会单独将1号图输出。

技巧提示

图的下面有一些按钮，分别是"Vary（Strong）""Vary（Subtle）""Vary（Region）"，即强变化、微变化和区域变化。

Vary（Strong）：以当前的图片为基础，进行比较强的变化，即在原图的基础上进行一定变化，但还是保持原图的风格。

Vary（Subtle）：即微变化，在原图的基础上进行比较小的变化，通常用于在差不多确定方案的时候进行细节调整。

Vary（Region）：即区域调整，下面进行说明。

（1）单击"Vary（Region）"按钮，会弹出一个对话框，在这里可以用下面的 ▣ 和 ◗ 选取局部以进行修改。例如选择椅子部分。

（2）不用更改这里的提示词，确认后Midjourney会提供修改后的4张图片。如果需要精确修改，则需要加入更为细化的提示词。

Zoom Out： 回到前面的原图，下面有3个放大按钮，第1个为放大两倍，第2个为放大1.5倍，第3个为自定义倍数。例如，单击"Zoom Out 2x"按钮，图中空间会扩大2倍。

第 3 章

使用ChatGPT获取文案与提示词

本章主要介绍室内设计中文案类工作的AI辅助工具，即ChatGPT。这是一款聊天类人工智能产品，它拥有强大的知识库，可以对用户提出的问题进行解答。在室内设计中，设计师可使用ChatGPT来完成方案设计，当然也是将其作为辅助。

3.1 ChatGPT基本操作方法

　　ChatGPT的用法很简单，直接提问即可，ChatGPT会回答问题，它相当于聊天机器人。那为什么还存在操作方法一说呢？

　　因为对于不同领域的需求，ChatGPT需要首先学习对应的知识。不同的行业有不同的训练方法，这就是常说的将AI工具训练成自己的助手。打开ChatGPT，在下方的指令框中输入信息并发送，ChatGPT就会给出回复。当创建一个新的聊天时，ChatGPT就相当于一张白纸，但这张白纸受过海量现存数据的训练。下面举例说明它的基本用法。

3.1.1 公域问题

　　在指令框中输入"请问室内设计风格有哪些？"并发送，ChatGPT会回答这个问题。很显然，这种问题的答案是存在于ChatGPT现有的知识库中的，属于公域问题，即完全不用训练，ChatGPT能够直接回答。比如"现代风格的要素是什么？""中性色调有哪些？"这类答案已存在于ChatGPT知识库中的问题都属于公域问题。

3.1.2 私域问题

下面继续演示，输入"请帮我列出我们公司下周的设计业务安排"并发送，ChatGPT会回答"无法直接访问您公司的信息"之类的内容，这就是典型的私域问题。无论ChatGPT有多强大，也不可能读取一些私人信息。对于这种需求，就需要对ChatGPT进行训练，比如把公司的一些日程资料、业务资料等信息提供给ChatGPT，它才能回答相关问题。"将相关资料告诉ChatGPT"就属于训练AI工具的过程。

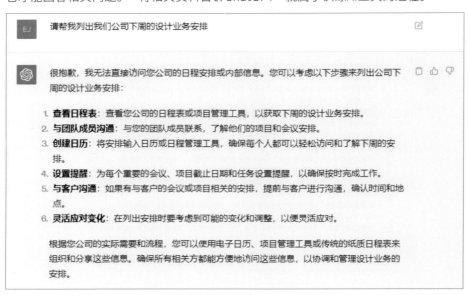

再举个例子，输入"一个古堡风格的客厅，夸张的装饰物，个性化大吊灯，请帮我写成Midjourney的生图指令"并发送，ChatGPT会表示它没有办法帮我们写。很显然，对于没有经过相关训练的ChatGPT，Midjourney的指令形式就是知识空缺。如果我们想让ChatGPT写Midjourney的指令，就要先训练ChatGPT，让ChatGPT知道Midjourney指令的格式、逻辑等。这些就属于ChatGPT的知识库中没有的信息，用户需要去训练、告诉ChatGPT。只要是答案不存在于ChatGPT的知识库中的问题，都被归类为私域问题。

一个古堡风格的客厅，夸张的装饰物，个性化大吊灯，请帮我写成Midjourney的生图指令

很抱歉，我不能为您生成Midjourney的生图指令，因为这需要访问实时的图像生成技术和平台，而我只能提供文本信息。但我可以为您提供描述，以帮助您形象地想象一个古堡风格客厅的装饰物和大吊灯，您可以根据这个描述来进行设计和装修：

客厅装饰物：

- 高贵的壁画：墙壁上挂着巨大的古代壁画，描绘着历史故事和贵族家族的肖像。
- 雕刻艺术品：在房间各处放置精美的雕刻艺术品，如大理石雕塑、古老的青铜器等。
- 豪华的地毯：地板上铺设着厚重的波斯地毯，色彩丰富，图案繁复。
- 高贵的壁挂：墙上挂着华丽的织物，如绒布或丝绸的窗帘、挂毯和宝石色调的布艺品。

大吊灯：

- 高挑的水晶吊灯：在房间正中央悬挂着一个高挑的水晶吊灯，吊灯上挂有水晶、玻璃或宝石吊坠。
- 大型铁艺吊灯：另外，您可以考虑一个铁艺吊灯，具有复杂的铁艺花纹和古老的铜色或古铜色调，给客厅增添古堡风格的重量感和贵族氛围。
- 个性化设计：定制一个个性化的吊灯，可以根据您的喜好选择材质、形状和装饰元素，以确保它与客厅的风格完美匹配。

这些描述可以作为起点，帮助您规划和实现一个古堡风格客厅的装饰和灯光设计。您可以与专业的室内设计师合作，以根据您的具体需求和预算打造一个独特而豪华的空间。

3.2 ChatGPT辅助室内设计

ChatGPT可从两个方面辅助室内设计。

第1个：生成前期文案。在确定室内设计方案之前会有各种问题，如风格选择、材质选择、家具选择等，这些都可以让ChatGPT提供参考意见。

第2个：写Midjourney提示词。Midjourney需要英文的提示词，这对英文不是很好的设计师来说无疑是"灾难"，即使使用翻译软件，也费时费力，还不一定准确。

3.2.1 文案辅助

文案辅助没有具体的格式。为了方便读者理解，这里通过一些可能出现的情况来演示，帮助读者了解在工作中什么时候需要使用ChatGPT进行辅助。希望读者能举一反三，在工作中适时应用ChatGPT，从而提高工作效率。

» 情况一

在设计初期，客户只表明自己喜欢黄色调，对具体的风格没有要求，希望设计师能给出黄色调的设计方案，风格不限。如果没有ChatGPT的辅助，那就需要设计师有丰富的经验和过硬的设计水平，熟悉什么风格适合黄色、什么风格能让黄色展现美感等。也就是说，如果没有AI工具的辅助，设计师只能凭经验或高时间成本的沟通来决定使用什么风格进行设计。

设计师可以直接向ChatGPT提问"什么风格的室内设计最适合黄色调？请按优先级排列"。

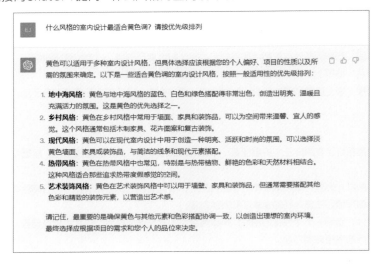

ChatGPT会提供适合黄色调的设计风格，而且按优先级排列。设计师可以将这些风格依次介绍给客户，让客户选自己喜欢的风格，这些风格的效果图肯定是由Midjourney绘制的。

» 情况二

假设客户对地中海风格非常感兴趣，想要设计师详细介绍该风格。此时，向ChatGPT发送"详细介绍一下地中海风格的要素"即可。注意，尽管ChatGPT十分强大，但相应的知识储备是设计师所必需的。

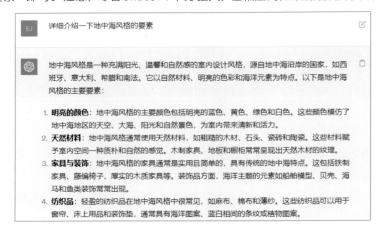

5. **自然光线**：地中海地区以阳光明媚而蓝天白云闻名，因此在设计中要充分利用自然光。大窗户、露台和法式窗帘是常见的元素，可以让室内充满光线。
6. **植物**：植物在地中海风格中也占有重要地位，室内植物如棕榈树、橄榄树和多肉植物可以增添绿意，与自然材料和海洋元素相得益彰。
7. **海洋元素**：地中海风格强调与大海的联系，因此海洋元素如贝壳、海星、船舶装饰品、渔网和航海工具常常出现在室内设计中，以增强地中海风情。
8. **大理石和瓷砖**：大理石和陶瓷瓷砖在地中海风格中非常流行，常用于地板、台面和墙壁。它们可以展现出精致的图案和纹理，增添豪华感。
9. **拱门和圆顶**：地中海风格的建筑特点包括拱形门廊、圆顶和拱顶。这些元素可以用于室内设计，营造出地中海别墅或宫殿的氛围。

总的来说，地中海风格以明亮的色彩、自然材料、海洋元素和阳光明媚的氛围而著称，适合那些渴望在家中体验度假感觉的人们。这种风格强调与大自然的联系，以及对放松和舒适的追求。

» 情况三

当设计方案确定后，设计师还会帮客户制作一些清单来完善方案，如客户需要购置的家具、灯具等。向ChatGPT提问"150平地中海风格，三房一厅，一厨房，两卫生间，需要购置哪些必需家具，需要购置哪些电器，需要购置哪些软装，请以详细表格写出"。

 150平地中海风格，三房一厅，一厨房，两卫生间，需要购置哪些必需家具，需要购置哪些电器，需要购置哪些软装，请以详细表格写出

 下面是一份详细的购置清单，包括150平方米地中海风格三房一厅一厨房两卫生间所需的必备家具、电器和软装品：

主卧室

类别	物品	备注
家具	大号床及床头柜	地中海风格的床头板和床品
	衣柜	木制或粗糙的木质衣柜
	化妆台	可选，增加功能性
电器	空调	根据需要选择适当型号
	吸尘器	
软装	床上用品	包括床单、被套、靠垫等
	窗帘和窗饰品	蓝白色调或地中海图案窗帘
	地毯	地中海风格的地毯
	装饰品	海洋主题的装饰品，如贝壳和鱼类装饰

客卧室（2个）

类别	物品	备注
家具	双人床及床头柜	地中海风格的床头板和床品
	衣柜或储物柜	木制或粗糙的木质衣柜或储物柜
电器	空调	根据需要选择适当型号
	吸尘器	
软装	床上用品	包括床单、被套、靠垫等
	窗帘和窗饰品	蓝白色调或地中海图案窗帘
	地毯	地中海风格的地毯
	装饰品	海洋主题的装饰品，如贝壳和鱼类装饰

客厅

类别	物品	备注
家具	沙发及咖啡桌	蓝白色调或地中海风格的沙发
	餐桌及椅子	木制餐桌和椅子，可搭配蓝白色餐具
	媒体储物柜	用于电视和音响设备的媒体储物柜
	壁炉	可选，增添温馨感
电器	平板电视及音响系统	
	空调	适当型号的中央空调或分体式空调
软装	窗帘和窗饰品	蓝白色调或地中海图案窗帘
	地毯	地中海风格的地毯
	装饰品	海洋主题的装饰品，如贝壳和船舶模型

厨房

类别	物品	备注
家具	厨房家具	木制或粗糙的木质厨柜和台面
	餐桌及椅子	小型用餐区域，可选蓝白色餐具
电器	冰箱、炉灶、洗碗机等	选择合适的地中海风格电器
	微波炉及烤箱	
软装	厨房餐具、锅具及餐具	地中海风格的餐具和厨房用品
	厨房窗帘和窗饰品	蓝白色调或地中海图案窗帘

卫生间 (2个)

类别	物品	备注
家具	洗手盆及柜台	陶瓷或石材洗手盆，木制柜台
	浴室镜	圆形或拱形镜子，增添地中海风格
	淋浴间和浴缸	根据个人偏好选择淋浴间和浴缸
	厕所及卫浴设备	地中海风格的马桶和卫生设备
电器	抽湿器或通风扇	确保良好的通风
软装	浴室毛巾及浴室用品	地中海风格的浴巾和浴室用品
	浴室地毯和浴室窗帘	地中海风格的地毯和窗帘

ChatGPT提供的表格虽然或多或少会有小漏洞或多余的描述，但极大地提高了工作效率，设计师可以对ChatGPT提供的表格进行优化。注意，AI工具只是"辅助"，并不是"取代"。

3.2.2 写Midjourney提示词

本节介绍不经训练也能让ChatGPT写出Midjourney提示词的方法。Midjourney提示词的格式很多，不同的行业有不同的适用格式，没有固定的标准。常用的室内设计提示词格式在第2章中已经介绍过了，具体如下。

主体描述词 + 所需元素词 + 摄影参数

主体描述词：室内设计、卧室、波希米亚风格等。

所需元素词：圆床等。

摄影参数：4K、俯视图、透视图等。

因此，不需要让ChatGPT精准地写出Midjourney的指令，更恰当的做法是让ChatGPT列出提示词对应的英语单词。向ChatGPT提问"请列举30种室内设计风格，把它们的中文、英文、风格特点以表格列出来"。

 请列举30种室内设计风格，把它们的中文、英文、风格特点以表格列出来

以下是30种室内设计风格，包括中文和英文名称、风格特点的表格：

中文名称	英文名称	风格特点
现代风格	Modern Style	简约、明亮、线条清晰、现代材料
传统风格	Traditional Style	经典、精致、对称、复古家具
现代农舍风格	Modern Farmhouse Style	简洁、舒适、木质元素、农舍感
工业风格	Industrial Style	裸露管道、砖墙、金属、坚固材料
北欧风格	Scandinavian Style	简约、功能性、淡色调、自然材料
地中海风格	Mediterranean Style	明亮色彩、海洋元素、藤编家具
艺术装饰风格	Art Deco Style	华丽、精致、大胆色彩、装饰品
现代简约风格	Minimalist Style	极简主义、中性色彩、简单家具
原始风格	Rustic Style	自然材料、粗糙纹理、原始感
亚洲风格	Asian Style	平衡、和谐、亚洲文化元素、简洁
蒙古风格	Mongolian Style	毛皮、粗糙木材、野生感
海滨风格	Coastal Style	蓝白色调、海洋元素、明亮空间
波希米亚风格	Bohemian Style	自由、艺术、多元文化、色彩丰富
法国乡村风格	French Country Style	温馨、复古、花卉图案、瓷砖
蒙特卡洛风格	Monte Carlo Style	奢华、宫殿感、大理石、水晶吊灯
科技风格	Tech Style	先进科技、高科技设备、未来感
草原风格	Prairie Style	地毯、皮毛、原木家具、大窗户
洛可可风格	Rococo Style	华丽、精致、曲线、粉金色调
南美风格	South American Style	鲜艳色彩、手工艺品、土地风格家具
后现代风格	Postmodern Style	创新、抽象、不规则形状、实验性
民族风格	Ethnic Style	传统文化元素、手工艺品、地域特色
城市现代风格	Urban Modern Style	城市感、现代家具、先进科技
古希腊风格	Greek Revival Style	古典希腊元素、大理石、古典雕塑
韩式风格	Korean Style	温馨、自然、木质家具、地板座位
圣诞风格	Christmas Style	节日装饰、圣诞树、红绿色调
美式乡村风格	American Country Style	自然材料、温馨感、乡村元素
维多利亚风格	Victorian Style	华丽、复古、精致细节、古典家具
古埃及风格	Egyptian Style	古埃及元素、金色、宝石色彩
花园风格	Garden Style	自然、绿植

☐ Stop generating

注意，因为ChatGPT单次回复有字数上限，所以不能要求它一次列举太多，每次最好只问一个问题。继续向ChatGPT提问"请列举室内设计中的所有空间，中文、英文以表格列出"。

有了这些表格，设计师就可以直接从中复制相关提示词到Midjourney中。向ChatGPT提组装元素词的问题，如"请列举一些常见地板，中文、英文，它们适用于哪些空间，以表格列出，种类尽可能地全"。

更多的例子就不逐一列举了，读者可以通过上面3个例子来发散一下思维，借助ChatGPT获取室内设计中需要的提示词。

第 4 章

辅助室内家装前期设计

本章主要介绍如何利用ChatGPT辅助室内家装设计中的前期文案设计,包括项目文档清单设计、客户需求分析设计、概述类文档设计、PPT设计,还将介绍如何结合ChatGPT和Midjourney进行风格和配色设计。

4.1 室内家装文档设计

在室内设计项目中，无论是家装还是工装，都需要制作不少文档，如报价表、预算表、材料清单、人工清单、合同等。这些文档都可以由AI工具帮助生成。

4.1.1 项目文档清单设计

设计师虽然有一定经验，但可能全局经营的经验欠缺，这时就需要最大化地利用AI工具来填补空缺。向ChatGPT提问"请列出室内设计装修项目所有需要用到的表格和PPT"。

这样就得到了所需文档清单，设计师可以根据情况查阅需要制作的表格和PPT等相关资料。目前的清单已经基本覆盖了室内设计的项目文档，但千万不要直接将ChatGPT提供的内容原封不动地使用，而应该将其作为参考，再选择适合具体情况的内容，否则会弄巧成拙，让设计流程变得烦琐。

4.1.2 客户需求分析设计

对于客户需求分析，以前大多数情况都是根据设计师和客户之间的沟通内容进行提取，没有纸质表格。现在可以将这个表格补充进设计流程，让设计工作变得更加专业和完备。

向ChatGPT提问"请帮我写一份室内设计装修项目的客户需求分析表，用于给客户填写"，对于这种公域问题，ChatGPT解决起来是比较高效的。

请帮我写一份室内设计装修项目的客户需求分析表，用于给客户填写

以下是一份室内设计装修项目的客户需求分析表，供客户填写。您可以根据需要进行自定义和调整，以适应特定项目的要求。

室内设计装修项目客户需求分析表格

项目信息：

- **项目名称：** [项目名称]
- **项目地址：** [项目地址]
- **项目类型：** [住宅/商业/办公室/其他]
- **项目面积：** [平方米]
- **项目预算：** [项目预算范围]

客户信息：

- **客户姓名：** [客户姓名]
- **联系方式：** [客户联系方式]
- **预计项目开始日期：** [预计项目开始日期]
- **期望项目完成日期：** [期望项目完成日期]

家庭信息（适用于住宅项目）：

- **家庭成员数量：** [家庭成员数量]
- **家庭成员年龄：** [家庭成员年龄分布]
- **特殊需求：** [例如，婴儿房、老年人友好设计等]

设计风格偏好：

- **偏好的设计风格：** [现代/传统/地中海/工业风/其他]
- **颜色偏好：** [颜色和色彩调性的偏好]
- **家具风格：** [家具风格的偏好，如现代、古典、民族风等]
- **不喜欢的元素：** [客户不喜欢的设计元素或风格，如颜色、材料等]

空间用途和需求：

（请在下面的每个空间类型下面填写需求和期望）

- **客厅：**
  - [客厅的需求和功能，例如娱乐、接待、家庭聚会等]
- **餐厅：**
  - [餐厅的需求和功能，例如日常用餐、宴会、儿童用餐等]
- **厨房：**
  - [厨房的需求和功能，例如烹饪、储存、早餐区等]
- **卧室（每个卧室分开列出）：**
  - [卧室的需求和功能，例如主卧、儿童卧室、客房等]
- **卫生间（每个卫生间分开列出）：**
  - [卫生间的需求和功能，例如主卫、宾卫、儿童卫生间等]
- **书房/办公室：**
  - [书房/办公室的需求和功能，例如工作、学习、文件存储等]
- **儿童房（如果适用）：**
  - [儿童房的需求和功能，例如儿童的年龄、兴趣等]

装修和材料偏好：

- **地板材料：** [地板材料的偏好，如木地板、瓷砖、地毯等]
- **墙面涂料：** [墙面涂料的偏好，如颜色和材质]
- **照明需求：** [照明需求，如吊灯、壁灯、落地灯等]
- **厨房设备：** [厨房设备的偏好，如冰箱、炉灶、微波炉等]
- **卫生间设备：** [卫生间设备的偏好，如淋浴、浴缸、水槽等]
- **家具选择：** [家具选择和材质偏好]
- **不喜欢的材料或元素：** [客户不喜欢的装修材料或元素]

特殊要求和注意事项：

- [客户提出的特殊要求、注意事项或其他注释]

请在此表格中填写所有相关信息，以便我们更好地了解您的需求和期望，以便为您提供个性化的室内设计和装修方案。如果有任何补充信息或特殊要求，请随时告诉我们。

这个室内设计装修项目的客户需求分析表的大纲没有问题，完全可以参考，可以根据实际需求进行修改或增删。注意，如果让ChatGPT继续回答，它可能无法回答，甚至回答结果会使辅助过程变得复杂，所以一定要有所取舍，否则会增加工作量。

在这个室内设计装修项目的客户需求分析表中，风格偏好、材料偏好等项是需要客户填写的。但在现实中，大多数客户对风格并不了解或只略知一二，这个时候就需要设计师准备好详细的风格介绍，以及各种材料的介绍册，让客户边参考边填写。

4.1.3 概述类文档设计

ChatGPT的概述能力是比较好的，设计师可以在概述回答的基础上进行细化，从而得到最终的文档设计。

下面制作概述类的文档。向ChatGPT提问"帮我制作一份室内设计装修项目建材用料清单表格"，此时它提供了一个可以左右拖曳的详细表格模板。

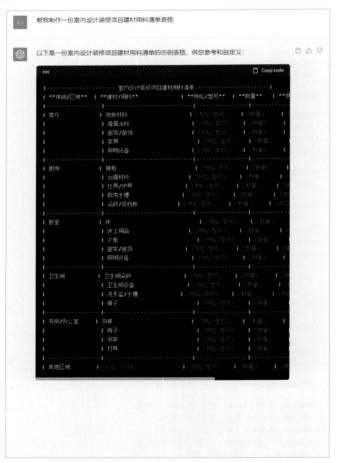

单击右上角的"Copy code",可以直接复制此表格,并粘贴到其他文件中进行编辑修改。从表中可以看出,虽然只需要建材用料的清单,但ChatGPT额外提供了家具、电器等内容。面对这种情况,不建议手动修改,而最好是直接让ChatGPT进行修改,这是效率最高的方法。

向ChatGPT继续提问"不包含家具和电器,只包含建材用料,请帮我修正一下",ChatGPT再次提供了一个可以左右拖曳并能够复制的表格。

目前，供设计师参考的内容就比较充足了。如果要继续细化，例如需要主料、辅料等的报价清单，那么也可以根据这个模板进行手动修正。注意，本书的演示目的是让读者明白如何使用ChatGPT来辅助完成文档设计，切忌认为文档设计全部是由ChatGPT完成的，这一点一定要明确。

4.1.4 PPT设计

下面让ChatGPT辅助设计师制作PPT。向ChatGPT提问"帮我做一份室内家装设计方案演示PPT"，ChatGPT会进行回复。ChatGPT不能直接创建PPT文件，只能提供文字内容，设计师需要将内容复制到PPT文件中，至于PPT需要用到的图片，就需要设计师自己准备了。

Slide 2: 项目简介

- 标题：项目简介
- 正文：简要介绍项目的背景、目标和范围。包括项目的位置、面积、预算等信息。

Slide 3: 室内设计风格

- 标题：室内设计风格
- 正文：介绍选择的室内设计风格，如现代、传统、乡村等。附上相关图片以展示风格特点。

Slide 4: 房间布局

- 标题：房间布局
- 正文：展示不同房间的平面布局和功能。包括客厅、卧室、厨房等主要区域的设计理念和布局图。

Slide 5: 材料和颜色

- 标题：材料和颜色
- 正文：介绍主要建材、颜色方案和装饰元素。包括材料的图片和样品。

Slide 6: 家具和装饰

- 标题：家具和装饰
- 正文：展示挑选的家具、照明、窗帘和装饰品。强调它们如何与设计风格相匹配。

Slide 7: 照明设计

- 标题：照明设计
- 正文：说明照明方案，包括各种灯具的位置和效果。可以展示照明效果的示意图。

Slide 8: 施工和装修

- 标题：施工和装修
- 正文：介绍施工进程、工程师和承包商的参与。强调高质量的施工和细节。

Slide 9: 预算和时间表

- 标题：预算和时间表
- 正文：提供项目的预算概览和时间表。确保客户了解项目的进展和成本控制。

Slide 10: 客户满意度

- 标题：客户满意度
- 正文：分享之前项目的客户评价和反馈。强调您的专业服务和满意客户。

Slide 11: 联系信息

- 标题：联系信息
- 正文：提供您的公司联系信息，包括电话号码、电子邮件地址和社交媒体链接。

Slide 12: 结束语

- 标题：结束语
- 正文：感谢观看您的演示，并邀请他们提出问题或进一步讨论项目。

根据您的项目要求，您可以添加更多的幻灯片，展示更多细节和特色。请注意，每个项目都是独特的，因此演示PPT需要根据具体的设计方案和客户需求进行个性化定制。

4.2 风格与配色设计

风格和配色是设计中的重要问题，许多设计师会根据自己的审美来选择适合的风格和配色。要让客户了解所有设计风格并选择适合的配色是非常困难的，需要花费大量时间。过去的做法是准备大量不同风格的效果图展示给客户选择，但这种组合实在太多，而且通常不会特意准备一些冷门的风格。换句话说，过去要给客户提供充足的参考和选择是非常困难的，但现在有了AI的辅助，一切都变得轻而易举。举个例子，如果客户希望看到10种不同风格的书房设计，在过去，设计师会认为客户是在捣乱，而现在，这一切都有可能实现。

4.2.1 前期设计准备

一般来说，当客户选择风格和配色时，他们已经填写了客户需求分析表，或者正在填写可供设计师参考的内容。

现在假设客户对装修风格完全不了解，对配色也没有概念和想法。这种情况其实是比较棘手的，因为客户可能会出现"选择困难症"。如果客户对风格和配色有一定了解，基本上他们心中已经有了底，可以更快地确定下来。

室内设计风格有很多种，难道真的要全部用Midjourney生成出来让客户选吗？当然不是，基本上提供10种常见的风格给客户看就足够了。在与客户沟通的过程中，或多或少会得到一些有用的信息，即使客户什么风格都不知道，但也至少会透露想要什么样的生活环境，设计师需要提取、整合和分析这些信息。将风格控制在5种以内让客户选择是比较合理的。

现在客户想看最常见的5种风格，再加上两种特别一点的风格。如果只说两三种常见的风格，很多人即使不懂，也能说出现代简约、中式和欧式等。但现在客户想看5种，就可以先问问ChatGPT。向ChatGPT提问"列出室内家装设计里面最常见的5种风格"。

很明显，回答与一般的认识有些出入。在家装中采用工业风的情况并非不存在，但不能算常见。那么，这究竟是什么原因造成的呢？

　　这个提问看似平常，对于ChatGPT来说却显得过于笼统。ChatGPT面向全球用户，如果没有指定特定区域，那么这个所谓的常见风格可能只是ChatGPT所认为的全球性常见，而非我国人们日常生活中常见的风格。因此，我们需要重新提问"列出在中国室内家装设计里面最常见的5种风格"。

 列出在中国室内家装设计里面最常见的5种风格

在中国室内家装设计中，以下是5种最常见的风格：

1. **现代风格**：
   - 现代风格在中国非常流行，以简洁、清晰的线条、中性色调和开放的空间为特点。这种风格强调功能性和实用性，通常使用现代材料和技术。
2. **中式风格**：
   - 中式风格融合了中国传统文化和艺术元素，包括木质家具、红色和金色的色彩、中国画和装饰性的屏风。它强调平衡和谐。
3. **欧洲古典风格**：
   - 欧洲古典风格在中国的家居装修中也很受欢迎。这种风格包括古典的家具、壁画、雕刻和对称的布局。通常使用暖色调。
4. **现代简约风格**：
   - 现代简约风格强调极简主义和简洁性，通常采用中性色调、简单的家具和干净的线条。这种风格以减少多余装饰为特点。
5. **地中海风格**：
   - 地中海风格在中国的一些沿海城市很受欢迎，以明亮的蓝色、白色、黄色色调和自然元素为特点。这种风格营造轻松的海滨氛围。

这些风格各具特色，可以根据个人品味和需求来选择。在装修家居时，最重要的是确保风格与您的生活方式和喜好相匹配。此外，专业室内设计师可以提供有关如何实现所选风格的宝贵建议。

　　现在是不是就合理了很多？回答中的这几种风格都是身边比较常见的。当然，这只是参考，并不是标准答案，所以不用太过于纠结对错。选定了这5种风格之后，再来选2种有个性且特别一点的，换句话说就是小众的、不常见的装修风格。向ChatGPT提问"在中国最不常见且有个性的装修风格，请说两个"。

 在中国最不常见且有个性的装修风格，请说两个

 在中国不常见但有个性的装修风格包括：

1. **摩洛哥风格**：
   - 摩洛哥风格的装修强调浓厚的摩洛哥文化和设计元素。它通常包括鲜艳的颜色、复杂的几何图案、摩洛哥地毯、马赛克瓷砖和手工制作的装饰品。这种风格为家居带来了独特的东方魅力和温馨感。
2. **后工业风格**：
   - 后工业风格是工业风格的现代演绎，强调原始材料和工业元素的再利用。它通常包括裸露的砖墙、管道、废旧工业家具和大量金属和木材。这种风格突出了创造性的再利用和独特的工业美感。

这些装修风格相对不常见，但具有独特的审美特点，适合那些寻求与众不同的装修风格的人。当选择这些风格时，需要确保它们与您的生活方式和喜好相匹配，并根据需要进行个性化的定制。

摩洛哥风格、后工业风格，是不是在很多普通的家装项目中看不到？甚至有些设计师可能并不了解摩洛哥风格和后工业风格。没关系，AI来辅助。现在已经确定了5种常见风格和2种不常见风格。继续向ChatGPT提问"请把刚才说的5种最常见风格和2种不常见风格的中、英文对照列出来"。就这样，再也不用使用翻译软件一个词一个词地翻译了。这些英文可以直接复制到Midjourney中去生成图片。

4.2.2 Midjourney风格演示

来到Midjourney，一般参考风格都是看客厅效果（当然现在有了Midjourney全景图，也可以查看全部空间效果）。现在要制作常见风格的效果图，将RAW模式打开，以使Midjourney全景图更加接近真实环境。

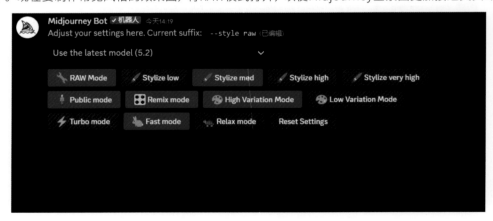

» 现代风格

　　根据提示词，Midjourney生成了4张现代风格的参考图。一般来说，在确定初步方向的阶段，不需要准备过多的参考图，每个风格4张参考图就足够了。当客户对某种风格有明确的兴趣时，再准备更多该风格的参考图给客户看即可。

Interior design,Modern style living room

Interior design,Chinese style living room

欧洲古典风格

Interior design,European classical style living room

» 现代简约风格

Interior design,Modern minimalist style living room

» 地中海风格

Interior design,Mediterranean style living room

目前，5种常见的设计风格每种都生成了4张参考图，基本上可以满足客户初步的选择需求。接下来，为两种较为小众且具有个性的设计风格，即摩洛哥风格和后工业风格生成参考图。笔者希望它们能够展现出独特的个性，因此将关闭RAW模式，让设计更加富有想象力。

Interior design,Moroccan style living room

» 后工业风格

Interior design,Post-industrial style living room

4.2.3 不同空间风格演示

　　假如现在客户已经初步看中了现代简约风格，然后想把卧室、厨房、儿童房、卫生间的效果都看一看。那么基本上风格的大方向就确定了，现在就到了给客户看整个房子每个空间的现代简约风格效果的时候了。当然，如果客户有需要，其他风格的每个空间的效果也可以轻松满足。

　　» **卧室**

Interior design,Modern minimalist style bedroom

» 厨房

Interior design,Modern minimalist style kitchen

» 儿童房

Interior design,Modern minimalist style children's room

» 卫生间

Interior design,Modern minimalist style bathroom

4.2.4 不同空间配色演示

　　到了确定配色方案这一步，其实作为设计师，已经有很多色彩配搭的相关资料可以参考了，桌面上的色卡也很多。这些配色资料是给设计师看的，用于丰富设计师的配色知识。但真正要融入项目流程中的话，不可能让客户看那一堆色卡，也不可能让客户看那些配色参数。

　　客户需要看什么？其实就是直观的效果。这就是效果图存在的意义。如果客户想看多种配色方案，以往最多只能通过Photoshop改色来实现，大多数公司不会为了让客户看不同的配色方案而去重画多张效果图。解决这个痛点的方法来了，即AI辅助，让Midjourney直接生成多种配色方案让客户直观地感受。此处假设客户喜欢黄色调和蓝色调。

Interior design,Modern minimalist style yellow tones living room

Interior design,Modern minimalist style blue tones living room

如果客户想要黄色和蓝色的混合色调，应该如何操作呢？

同样的，直接把色调提示词告诉Midjourney即可，如果不知道色调词，可以询问ChatGPT。

> EJ　黄蓝色调 翻译

> "黄蓝色调"的英文翻译是"Yellow and Blue Color Scheme"。

Interior design,Modern minimalist style yellow and blue color scheme living room

在辅助风格和配色的选择上，主要基于这个核心理念：ChatGPT负责提供相关知识并进行翻译，Midjourney则负责生成图像。通过这样的方式，可以有效地支持当前阶段的工作流程。

第 5 章

辅助室内家装空间设计

本章主要介绍如何使用AI工具来辅助室内家装空间设计，包括户型设计、局部翻新设计和毛坯房设计。注意是辅助设计，这个定位读者一定要明确。

5.1 户型设计

在户型设计方面，其实AI的辅助作用并不大。在整个室内设计流程中，户型设计是最考验设计师水平和智慧的部分，而这一工作是人工智能无法胜任的。举个简单的例子，房子的朝向、空气的对流、光线进入房间的方式、室外环境是否存在光污染、是否有大型遮挡物，以及客户是否相信风水等，这些都是非常现实的问题，只能通过人与人之间的现场交流和设计师的智慧来解决。户型设计大概有两种情况。

第1种情况是针对商品房和公寓的户型设计。其户型基本固定（包括承重墙），并且某些公寓和商品房在销售时已经配备了完善的燃气系统和采暖系统等设施，这些系统通常是不允许自行改动的。如果业主坚持要进行改造，必须在符合相关法规并获得开发商许可的情况下进行改造。

第2种情况是针对自建房和新建别墅的户型设计。在这种情况下，设计师可以从零开始进行设计，并在获得相关许可后自由发挥。与商品房和公寓不同，这种情况没有那么多的限制。

5.1.1 房屋户型设计理念

以商品房为例，读者可能听过一些客户说："我想把卫生间的位置改一下，改到隔壁房间"。通常情况下，是没办法改的，也不允许改。排污系统、给水系统等都不能动。

鉴于此，Midjourney和ChatGPT能辅助的其实不多。Midjourney在这种固定结构的设计任务上基本无法发挥作用。现在的AI还不具备像人一样知道"哪些地方可以修改，哪些地方不可以修改"的能力，也不具备将每个需要准确绘制的地方绘制准确的能力。读者可能会看到网络上一些AI软件能导入黑白平面图，然后一键生成户型设计图。如果仔细去看那些生成的户型设计图，会发现漏洞很多，画错的地方很多，而且经常会改变原来的户型结构。这些设计图只可用来参考，而无法真正使用。从目前的AI发展水平来看，无论是哪种AI绘图工具，其在户型设计方面仍然存在许多底层逻辑上的缺陷。所以，不要奢望能用AI来直接画户型设计图，至少就现在来说不现实。

虽然AI不能直接画户型设计图，但是能够提供很多参考，可以开拓思维。这是AI绘图辅助户型设计的核心要点之一。在Midjourney中输入提示词并生成，从结果来看感觉还不错。

Floor plan design

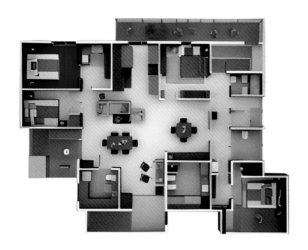

将第2张图作为例子放大,发现有很多不合理的地方,甚至可以说设计得乱七八糟,光客厅就让人感到不舒服。现在的AI生成的图是很难符合人类思考模式的,仅凭这一点,就可以断定AI不能直接绘制户型图。

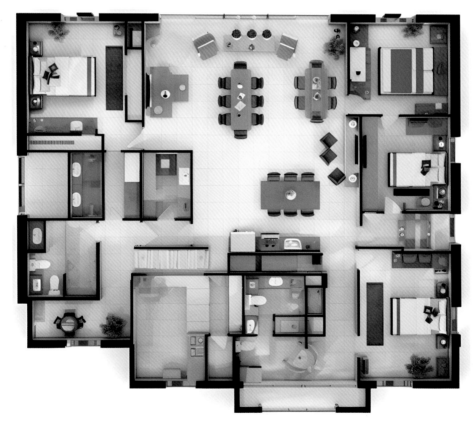

那这些图有什么用呢?其作为整体来参考还是可以的。对于自建房、别墅设计来说,这些图是有一定的参考价值的,可以提供一些灵感。在自建房、别墅设计的前期思考阶段,用Midjourney多绘制一些图进行参考还是很不错的,因为总会出现对想法有帮助的图像。

此外,可以将关键词细化一些,比如将"多少个房间""多少个客厅"等信息加入设计。下面用Midjourney绘制3组户型设计图。

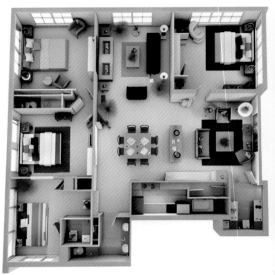
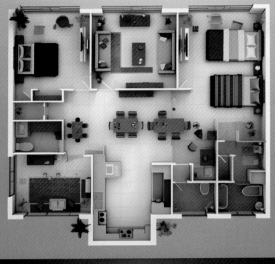
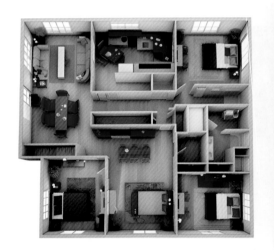
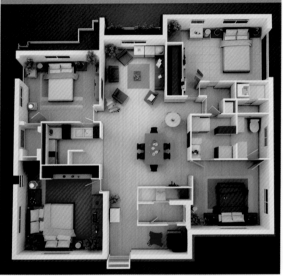

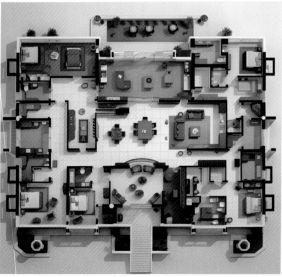

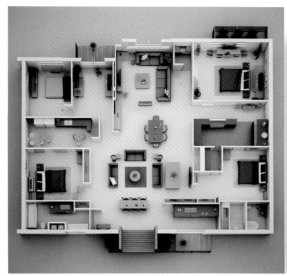
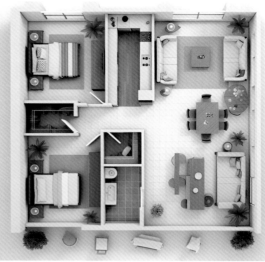
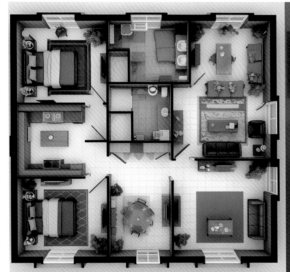

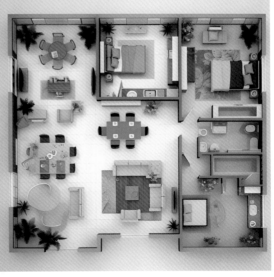

5.1.2 小型公寓户型设计演示

现在用一个小户型公寓为例来演示AI辅助户型设计的操作。正如前面说的，公寓和商品房是有限制的，那如何利用AI辅助呢?读者可以参考这个例子，思考下平时的工作流能否应用AI工具。

这是一个约36平方米的小型公寓平面图。现在已知的条件有2个。

第1个: 内部没有承重墙。

第2个: 公寓有燃气供应。

通过条件可以得到2个信息。

第1个: 中间墙可以拆除并重组，即重新分配空间。

第2个: 卫生间和厨房的位置不能改变。

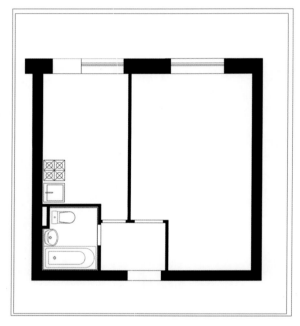

那么如何让AI辅助户型设计?其实对于这种空间，设计师自身的能力远远比AI辅助重要，成熟的设计师需要在了解客户需求的同时快速设计出方案。这个案例中AI辅助的作用就是快速给出大概布局，以提供给设计师进行参考，同时可以给客户看，从而进行初步评估。

01 将平面图上传到Midjourney中，然后获取并复制图片的地址。

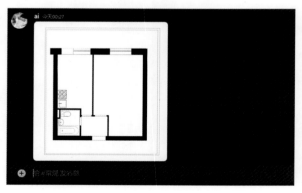

02 粘贴图片地址，加上内容为"36平方米方形公寓户型设计"的提示词。注意，这里要把面积信息添加进去，否则Midjourney生成的设计图会拥有很大空间，就没有参考价值了。另外，读者也可以多刷图，以得到满意的效果。

图片地址 A 36-square-meter square apartment floor plan design

03 回顾最初的平面图，发现Midjourney生成的图基本上都改变了格局，直接使用是不可行的。切记AI和设计师各自的角色定位，设计师应该从Midjourney生成的图中快速获取灵感和参考，这是AI在这种情况下的价值所在。从现在的4张图中可以发现第1张图具有参考价值，这张图很好地给出了处理客厅的方案提示，利用一个不封闭的薄墙来将卧室和客厅的空间进行划分，这样既可以让这个小型公寓拥有卧室和客厅的空间划分，又解决了"如果采用全封闭空间，这个小公寓中的空间会让人感到压抑"这个问题。实际上，有时候只需要一个微小的线索，就能得到出色的设计。

04 设计师可以如此操作：在客厅的中央位置安排一个薄墙作为隔断，然后将房门右侧原有的薄墙拆除，以开阔空间。这只是一种方案示例，在实际的项目中，客户的意向是非常重要的考虑因素，沟通和经验的重要性远超软件的使用，请务必牢记这一点。

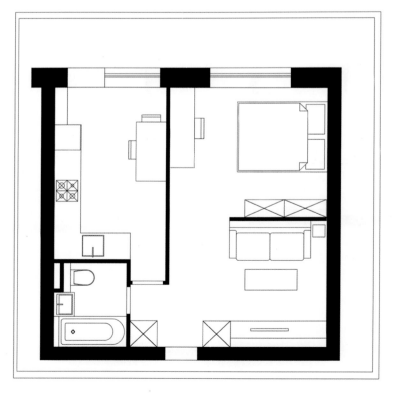

5.2 局部翻新设计

　　家装中的局部翻新，一般来说有两种情况。第1种情况是一个独立空间的翻新改造，比如阳台的改造、厨房的改造等。第2种情况是一个空间的局部改造，比如客厅中的吊顶改造、书房中某一面墙体的造型改造等。用AI辅助局部翻新设计的意义在于快速生成多种方案供设计师和客户参考，而不是最终的出图。

5.2.1 独立空间翻新改造

　　这种情况下出的方案参考图只需包含要改造的空间，比如要改造一个阳台，给客户看的方案参考图是不需要包含其他空间的，即给客户看单独的阳台效果图即可。

01 在现场把需要改造的空间拍下来。

02 直接把这张图提交给Midjourney，根据客户的需求输入提示词，让系统快速生成多种方案供参考。操作方法与前面提交图片一样：把这张图上传到系统，放大图片并获取图片地址（后续如果涉及这一步，将不再重复演示具体操作）。如果客户没有特别的想法，只是想进行改造，那么现在就可以开始设计。同样，需要关闭RAW模式，让Midjourney的自主权限多一点。按图示设置其他选项。

03 如果没有任何要求，只输入内容为"阳台设计"的提示词，这样生成的图片与原图基本没什么区别，参考价值不大。接下来需要加入表明客户需求的提示词。

图片地址 Balcony design

04 客户需要在阳台安排收纳柜，那么可以在提示词中加入"Storage cabinet"。从结果来看，只有第4张图有价值。

图片地址 Balcony design,Storage cabinet

05 假如客户想要大理石地面,那么继续加入内容为"大理石地面"的提示词。为什么没有大理石地面的效果?因为垫图的权重。现在采用的是默认权重,同时木地板是原图的重要元素,所以Midjourney不会把这个元素移除。

图片地址 Balcony design,Storage cabinet,Marble floor

06 加一个0.5大小的权重参数，让原图的权重降低。现在收纳柜与大理石地面的效果就能很好地展示了。

图片地址 Balcony design,Storage cabinet,Marble floor --iw 0.5

5.2.2 空间局部翻新改造

在现场拍摄需要改造的空间。客户需要对吊顶进行改造，首先会想到利用Midjourney的局部重绘功能。对于非Midjourney生成的图片，不能直接在Midjourney中进行局部重绘。因此，需要先将这张图片上传到Midjourney作为底图，接着让Midjourney生成一张与原图非常接近的新图，最后在新图中进行局部重绘。这样就可以通过Midjourney生成多个不同的局部图像，供设计师和客户参考。

01 因为要生成非常接近的图，所以垫图后，提示词内容可以是"室内设计""现代简约客厅"等。注意，当前客户的空间是什么风格就用什么风格的提示词。同样，添加数值为2的权重，因为需要Midjourney生成的图片接近原图，所以原图的权重会比较高。生成图片后，放大比较合理的图片。

图片地址 interior design,modern minimalist living room --iw 2

02 如果只改造吊顶,那就需要用到Midjourney的局部重绘功能,单击"Vary(Region)"按钮。

03 涂抹需要改造的吊顶部分。

04 下面进行刷图,可以选择不加提示词,也可以加一些提示词。先考虑不加提示词,生成4个新的吊顶方案,其中第2个方案的设计不错,具有一定的参考价值。

05 现在加一些提示词。回到前面局部重绘的步骤，加入提示词"Simple European-style ceiling"，即"简欧吊顶"。这里之所以使用简欧，而不是欧式，是担心夸张的欧式吊顶不适合当前设计。

06 发送提示词，Midjourney会生成4张图片。第2张和第3张图是比较符合需求的，有一定参考价值。

5.3 毛坯房设计

毛坯房设计相对改造设计来说，更加容易操作。因为毛坯房从零开始，一切都可以在满足客户需求的前提下自由发挥。有了AI工具的辅助，那就是可以让AI工具自由发挥了。这样就有了两个切入点，第1个是客户指定，第2个是自由发挥。客户指定又分为明确指定和模糊指定。

明确指定： 客户指定了具体的对象，如具体造型的电视墙、吊顶等，这说明客户带着明确的意图。这种情况下AI工具的辅助作用不是很大，直接给客户精确画图即可。

模糊指定： 客户想要某种风格的对象，即客户知道大概方向，但不够明确。这种情况下AI工具的辅助就比较有用了，可以让客户在现场立刻看到多种参考效果。

现在有两张图，一张是在毛坯房现场拍的照片，另一张是客户选的吊顶设计参考图。对于客户选的这张吊顶设计参考图，在这个阶段可用可不用。如果客户很明确要这款吊顶，那么最好还是用3D建模软件做出一模一样的设计图给客户。如果客户只是模糊地觉得这款吊顶还不错，而不想要该图中的其他东西，那么只用AI工具局部修改的话，大概率会融入客户不想要的东西。因此，满足客户局部指定的工作需要配合使用Photoshop和AI工具来完成。

下面演示如何使用Midjourney根据客户的喜好和现场照片来生成一些初步的设计方案，以供客户选择。

01 将毛坯房现场图片上传到Midjourney中。

02 尝试一下不垫图，直接输入客户想要的元素提示词的生成效果。例如，客户想要简约一点的欧式客厅，没有其他要求。输入内容为"室内设计""客厅""欧式风格""简约"等的提示词。不用输入一些具体的修饰词、参数词等。在开始阶段建议提示词越少越好，能精准描述出客户想要的就可以了。

Interior design,Living room,European style,Simplicity

03 目前生成的户型是完全随机的，如果不满意，可以刷图。这样的方式就是碰运气，因此需要使用垫图的方式。将刚才上传的毛坯房照片放大，获取该图片的地址，用这张图作为垫图来进行输出。

图片地址 Interior design,Living room,European style,Simplicity

04 现在已经有毛坯房的结构了，客户想要的风格也初步有了。但问题还是很明显，首先就是房间的宽高比不对，毛坯房的比例为3：2，AI生成的效果图的比例是1：1，契合度还不够；其次，由于垫的图片是毛坯房的照片，因此生成的图片也呈现出类似毛坯房的效果，即家具数量较少，地面和墙体上还存在一些裂纹和毛坯痕迹。单击 以修改指令。

05 在指令框中添加指示比例的后缀，现在宽高比就与毛坯房一样了，但是画面还是有毛坯房的痕迹。

图片地址 Interior design,Living room,European style,Simplicity --v 5.2 --ar 3:2

06 继续单击🔄，补充一些提示词，让画面丰富起来。可以考虑将客厅该有的家具写进去，如电视机、电视柜、沙发和茶几等。

图片地址 Interior design,Living room,European style,Simplicity,Television,TV Stand,Sofa,Side Table --v 5.2 --ar 3:2

07 利用后缀控制毛坯房照片的权重，降低权重数值即可减少毛坯感。

图片地址 Interior design,Living room,European style,Simplicity,Television,TV Stand,Sofa,Side Table --v 5.2 --ar 3:2 --iw 0.5

08 毛坯感已经消失了不少，但还是有一点，继续降低权重。将想要的图片放大。

09 继续优化。现在的沙发位置不理想，单击"Vary（Region）"按钮，进入编辑界面。

10 选取需要改变的区域，即沙发位置和想要摆放沙发的位置，重新生成。

11 使用--s后缀让生成的图片拥有更多变化，即让Midjourney的自由发挥空间更大。如果生成效果与毛坯房结构差异过大，则要适当调小--s的数值。

图片地址 Interior design,Living room,European style,Simplicity,Television,TV Stand,Sofa,Side Table --v 5.2 --ar 3:2 --iw 0.5 --s 750

图片地址 Interior design,Living room,European style,Simplicity,Television,TV Stand,Sofa,Side Table --v 5.2 --ar 3:2 --iw 0.5 --s 300

第 6 章

辅助室内家装软装设计

装修完成后，很多客户会选择自己购买家具和装饰，不过也会有部分客户需要设计师给意见或者设计师陪同选择，直到整个设计完满结束。无论哪种情况，AI工具都是可以辅助的。

6.1 家具材质选择

很多客户在选择家具和装饰的时候存在不少知识盲点，大多是随意选择，买了之后才发现好像不太搭、不太实用。

设计师同样能对家具的选择进行指导。以沙发为例，以往在出设计图的时候会将适合的沙发放进图中，客户可以参照设计图中的沙发样式进行购买。这种方式的问题在于设计图的修改工作比较烦琐。AI工具则恰好在出图数量和效率上解决了这个问题。

01 将硬装已经完成的室内照片上传到Midjourney中，并获取该图片的地址。

02 使用垫图的方法，将"一个没有家具的客厅"作为提示词，并使用数值为2的垫图权重。

图片地址 An unfurnished living room --iw 2

03 对比来看，第4张图与原图比较接近，除了窗户之外，其他地方与原图没什么差别。将其放大。

04 单击"Vary（Region）"按钮，选出一个想要摆放沙发的区域，然后在下方修改一下提示词。之前的提示词内容为"一个没有家具的客厅"，现在去掉"一个没有家具"，即只保留"living room"。然后加上沙发的提示词，例如客户需要现代风格的沙发，那么就加上modern sofa。设置--s后缀数值为250。

05 不断重复这个操作，持续刷图，直到得到满意的结果。在操作过程中可以指定材质、颜色等。

6.2 定制家具设计

从前面的内容中读者应该基本了解了AI辅助室内设计的原则。现在到了定制家具环节，常见的有定制酒柜、电视柜、书架、衣柜等。

6.2.1 AI辅助定制的概念

需要定制家具的情况主要有两种。

第1种： 因为当前空间所限，要定制适配当前空间的家具。常见的有根据墙体长度定制柜子，根据柱子位、转角位定制适配的柜子、装饰物等。这种情况下AI工具的用处不大，因为AI工具不具备基于精确尺寸进行设计的能力，哪怕提供了很好看的设计参考，最终的设计和实现还是要人去进行。

第2种： 没有空间限制，只是客户单纯地想要定制类产品，想要个性化家具，即不想买一些现有的家具。

对于第1种情况，合格的设计师都能应付。但是，第2种情况相对来说就没有那么好操作了，因为没有客观限制，客户就想要有个性。这一点非常主观，意味着在设计时需要非常丰富的想象力。以前往往要找现有的参考图，比拼的是图库够不够大。常见的做法是给客户看大量已有的款式作为参考，客户选好了再去定制，即并非真正一款一款地从零开始设计，毕竟这需要大量的时间，而且可能做的是无用功。

AI工具的辅助解放了想象力的限制，直接将以往不可能完成的事情变为可能。下面以酒柜为例来演示。客户需要定制一个酒柜，没有任何限制，但客户既想看普通的酒柜效果，又想看一些有个性的酒柜效果。对于掌握AI工具的设计师而言，工作内容就是从常规效果的生成开始，然后慢慢刷图，最后得到个性化效果。

6.2.2 常规定制设计

如果直接用"酒柜"这个提示词，在不加其他修饰词的情况下，基本会得到摆着酒柜的场景。这样虽然有一定的参考价值，但不利于单独参考酒柜的设计。因此，需要Midjourney生成只有酒柜，没有其他元素和背景的图片。

　　提示词内容以"大酒柜""白色背景""正视图"等为佳，这样就可以得到类似产品设计图的参考图。注意，这里酒柜的修饰词只用了"大"，读者可以根据需要加上尺寸、颜色、风格等属性的描述词，让Midjourney生成的结果更具有指向性。

　　将RAW模式激活，输入提示词，这里使用--s的数值来控制自由发挥的空间。

large wine cabinet,white background,front view --s 50

large wine cabinet,white background,front view --s 100

large wine cabinet,white background,front view --s 250

　　这些不同设计尺度的参考图都可以给客户参考，客户初步看中了哪一个，就在对应图片的基础上继续修改。这样就实现了无须人工设计，就能快速给出无限可能的设计参考。

6.2.3 个性定制设计

前面的设计都是在RAW模式下进行的，结果比较接近现实。下面关闭RAW模式，用同样的方法进行刷图。

large wine cabinet,white background,front view --s 50

large wine cabinet,white background,front view --s 250

通过AI工具释放想象力，可以有效地为定制家具设计提供无尽的参考。书中使用的是基础的提示词，如果把"酒柜"变为"酒柜设计"，那么就会看到完全不一样的效果。

第 7 章

辅助室内工装前期设计

从本章开始介绍AI辅助室内工装设计，原理和使用方法都与家装一样。对于一些常规的表格，可以借助ChatGPT来完成制作。本章主要介绍前期设计。

7.1 前期资料设计与应用建议

本节主要介绍在室内工装环境如何进行前期PPT设计和如何使用ChatGPT辅助设计。

7.1.1 前期PPT设计

向ChatGPT提问："请列出工装设计装修项目所有需要用到的表格和PPT。"

总体来看，ChatGPT给出的工装和家装的总结是差不多的。现在延伸一下，向ChatGPT提问"工装设计装修项目所有需要用到的表格和PPT有哪些"。

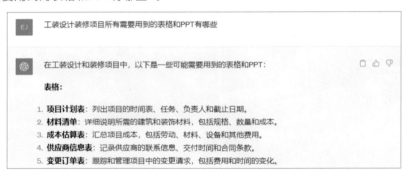

6. **质量检查表**：用于记录施工中的质量检查和问题，以及采取的纠正措施。
7. **施工进度报告**：定期更新项目的进度，包括已完成任务和未完成任务。
8. **安全检查表**：记录工程现场的安全检查，包括潜在风险和措施。
9. **承包商合同**：详细说明与承包商的合同条款和责任。
10. **最终验收报告**：记录项目完成后的最终验收和审计结果。

PPT演示：

1. **项目启动演示**：用于介绍项目的背景、目标和计划。
2. **设计方案演示**：展示工装设计的概念、布局和风格。
3. **项目进展演示**：跟踪项目进度、时间表和成本。
4. **质量控制演示**：说明如何确保工程质量和问题解决。
5. **供应商会议演示**：与供应商讨论采购和供应链问题。
6. **安全培训演示**：为工程现场的安全培训提供资料。
7. **变更管理演示**：解释变更管理过程和实施变更的原因。
8. **项目总结演示**：总结项目的成果、经验教训和建议。

这些表格和PPT将有助于项目的组织、监督和报告，确保项目按计划顺利进行。具体的表格和PPT内容可能会根据项目的性质和规模而有所不同。

对比上述两个不同问法的回答，尽管总体相似，但仍存在一些区别。因此，建议多尝试意思相同但表述不同的问法。如果有重复的回答，那么证明这个内容是有参考价值的；如果多个回答中都没有重复的内容，则可以只将其作为一种知识补充，并思考其对该项目是否有所帮助。

例如，在第2个提问的回答中PPT演示包括"供应商会议演示"和"安全培训演示"这两点，而第1个提问的回答中没有提及这两点。即使换用其他提问方式，也不一定会出现这两点。因此可以分析一下这两点是否对设计有帮助，或者说它们是否能为项目带来帮助。在这里，"供应商会议演示"这种PPT基本上是不需要的。对于大型项目来说，虽然供应商的具体资料、材料来源、质检和价格等信息是必要的，但是将与供应商的会议做成PPT来向客户展示，在常规工装项目中通常是不需要的，只有某些特殊项目才有这样的要求。制作"安全培训演示"这种PPT会花费更多的时间，可能在许多小型项目中并不受重视，但笔者认为这种PPT是非常有必要的，因为装修施工中安全是第1位的。

希望读者在经验不足的情况下，学会利用ChatGPT进行知识补充。当看到ChatGPT提供的新点子时，要多加思考和判断，不断扩展自己的认知。只要是对自身行业或项目稍有帮助的点子，都可以利用ChatGPT继续扩展下去，即使只是细微的扩展，也是有价值的。久而久之，读者会不知不觉地发现，自己把控项目整体的能力有了很大的提升。

下面进一步延伸。假设读者是经验不足的设计师，刚刚从ChatGPT中了解到"安全培训演示"PPT，并认为当前项目非常需要它。由于没有相关的制作经验，必然需要查阅相关资料并咨询有经验的前辈们，这时ChatGPT可以充当一个在前期帮助快速获取资料的引导工具。另外，当无法立即找到相关资料时，ChatGPT也能够快速引导设计。

可以向ChatGPT提问"安全培训演示PPT怎么写"。

EJ 安全培训演示PPT怎么写

编写安全培训演示PPT是确保工装设计和装修项目安全的重要步骤。以下是一些编写安全培训演示PPT的关键步骤和建议：

1. 标题页：

- 在标题页上列出演示的名称，例如："工装设计和装修项目安全培训"。
- 包括您的公司名称和徽标，以及日期和演示者的姓名。

2. 目标和背景：

- 介绍演示的目标，即安全培训的目的。
- 提供一些背景信息，解释为什么安全培训对项目至关重要。

3. 安全政策和标准：

- 详细介绍公司或项目的安全政策和标准。
- 强调遵守政策的重要性以及违规的后果。

4. 风险评估：

- 讨论与项目相关的潜在风险和危险。
- 强调员工应如何识别和应对这些风险。

5. 安全规程和措施：

- 列出必须遵守的安全规程和措施，例如穿戴个人防护装备、正确使用工具等。
- 使用图像和图表来说明这些规程和措施。

6. 急救程序：

- 解释项目现场的急救程序，包括紧急联系人、医疗设施位置等。
- 提供关于急救培训的信息。

7. 工程现场安全：

- 强调在工程现场的安全注意事项，如危险区域、施工材料存放等。
- 提供演示和示范来展示正确的行为。

8. 安全培训计划：

- 介绍员工接受安全培训的计划，包括培训内容和时间表。

9. 员工责任：

- 强调每位员工在项目安全中的责任和角色。
- 提醒员工举报任何安全问题。

10. 案例研究：

- 使用先前的项目案例研究来说明不遵守安全规程的后果。
- 强调成功遵守规程的案例。

11. 问答环节：

- 安排时间以便员工提问或讨论安全问题。
- 提供联系信息，以便员工可以寻求进一步的信息。

12. 总结和评估：

- 总结演示的主要要点，重申安全的重要性。
- 鼓励员工参与安全培训的评估和反馈。

13. 结语：

- 表达感谢并鼓励员工为项目的成功和安全做出贡献。
- 提供联系信息以获取更多帮助或信息。

14. 附录：

- 包括有关安全政策、流程和联系信息的附录。

确保演示内容清晰、简洁，使用图片和图表来增强可视化效果。还应确保演示与实际工程现场的要求和环境相符。与员工的积极互动和问答环节对于确保他们理解和接受安全培训至关重要。

在"安全培训演示"PPT的制作过程中，可以利用大纲引导来逐步深入。同时，也可以与ChatGPT交流，逐点询问并获得每个点的资料引导。为了进一步探索，可以用另一种方式询问ChatGPT，即"安全培训演示PPT如何写，请介绍大纲与细节"。这个问题与之前的问题意思相同，只是增加了一个要求，即要求ChatGPT介绍大纲和细节。通过这个演示可以体验到在提问中增加要求词所带来的差异，要求词可以是"请详细说明""具体列举""请用表格列出"等。从ChatGPT的回答可以看出，在不改变原意的情况下，加入一些细节要求可以得到更加详细的回答。因此，在实际应用中可以多尝试各种要求词。

安全培训演示PPT如何写，请介绍大纲与细节

编写安全培训演示PPT需要同时关注大纲和细节，以确保内容清晰、有条理。以下是一个关于如何编写安全培训演示PPT的大纲，以及一些细节建议：

大纲：

1. **标题页：**
   - 演示的名称
   - 公司/项目名称
   - 日期
   - 演讲者姓名和联系信息
2. **介绍：**
   - 指明演示的目的和重要性
   - 提供关于公司或项目的背景信息
3. **安全政策和标准：**
   - 介绍公司或项目的安全政策和标准
   - 强调遵守这些政策和标准的重要性
4. **风险评估：**
   - 列举可能的风险和危险
   - 解释如何识别和减轻这些风险
5. **安全规程和措施：**
   - 列出必须遵守的安全规程和措施
   - 包括穿戴个人防护装备、工具使用和危险物质处理等
6. **急救程序：**
   - 介绍项目现场的急救程序
   - 提供有关急救培训的信息
7. **工程现场安全：**
   - 强调工程现场的安全注意事项
   - 包括危险区域、紧急出口、消防设备等
8. **员工责任：**
   - 强调员工在安全中的责任
   - 提醒员工举报安全问题的重要性
9. **培训计划：**
   - 计划和时间表，包括安全培训的内容和日期
10. **案例研究：**
    - 使用案例研究说明违反安全规程的后果
    - 强调遵守规程的成功案例
11. **问答环节：**
    - 预留时间供员工提问和讨论
    - 鼓励积极参与和互动
12. **总结和评估：**
    - 总结演示的关键点
    - 提供评估方式和反馈渠道
13. **结语：**
    - 感谢员工的关注和合作
    - 提供联系信息以获取进一步帮助

细节建议：

- 使用清晰而有力的语言，避免使用复杂的术语和行业术语，以确保员工易于理解。
- 使用图像、图表和图示来强化信息，使其更具吸引力。
- 保持演示的长度适中，不要使其过于冗长，以免员工失去兴趣。
- 与员工互动，鼓励提问和分享实例。
- 包括具体的示范和示例，以便员工理解如何在实际工程现场中应用安全原则。
- 着重强调员工个人的安全责任和行为，以便他们能够在工作中实际应用所学知识。

最终，确保演示内容符合特定项目或公司的实际需求和环境，以提高员工对安全培训的接受度和应用。

7.1.2 如何提问

关于工装设计方面的文本资料和PPT等相关内容，在此不一一列举，读者可根据自身项目情况进行应用。接下来，延伸讨论一下知识补充的问题。

ChatGPT是非常出色的智能回答系统。很多人在使用时并不清楚该如何提问。由于知识的缺失，很多人甚至不知道自己应该问什么。ChatGPT恰好可以解决这个问题，它能够帮助用户发现自己的知识盲点。发现知识盲点并非室内设计领域的专业问题，但极为重要。因为从事任何行业，掌握提取问题的能力都至关重要。面对AI，希望读者能使思维跳出专业领域，将重点放在如何提升自身工作效率上，然后借此更好地完成专业领域的工作。

如果已经了解了注意事项，那么可以直接向ChatGPT提问注意事项的具体操作方法。但是，如果连有哪些注意事项都不清楚，那么就需要向ChatGPT提出关于"自己不知道该问什么"的问题。

可以向ChatGPT提出这样一个问题："工装设计有什么不常见但需要注意的事项？"这是一个典型的让ChatGPT告诉设计师应该问什么的例子。

现在ChatGPT提供了12个要点，其中大部分是常规注意事项。这些内容对ChatGPT来说属于公域内容，虽然读者可以通过互联网搜集到，但是ChatGPT无疑让获取效率变高了。

通过这些要点，读者知道应该问什么问题了，即找出当前的知识盲点，之后可以直接提问。例如，在很多常规的商铺和餐饮店设计中，声学设计是不会被提及的，只有非常注重细节的人才会特意进行声学设计。现在ChatGPT既然提出了，那么证明确实存在这样一个设计模块，作为设计师，应该去了解这个要点，以拓宽自己的知识面。其中，"噪音"的规范名词术语为"噪声"，以下同。

可以问ChatGPT"声学设计通常应用在哪些场合，如何应用"。通过这样的交流，能初步了解声学设计的常规应用空间和应用方式等知识。

通过ChatGPT来填补所欠缺的知识，室内设计师能够有效地提高自己的综合水平。这是AI工具辅助室内设计的重要体现。

7.2 风格与配色设计

在应用AI工具辅助风格和配色方面，工装与家装相似。以咖啡厅为例，可以配合使用ChatGPT和Midjourney，帮助客户初步确定装修的整体方向，这对没有明确方向的客户尤其有用。可以让ChatGPT提供一些常见和不太常见的风格，并通过Midjourney生成图片为客户提供参考。这个流程是该阶段的核心操作。

7.2.1 从ChatGPT获取风格建议

工装和家装有所不同，家装注重舒适性和长期宜居性，而工装需要考虑商业性质、新鲜感和吸引力等因素。在选择风格时，如果客户没有明确的方向，设计师可以放心地让ChatGPT提出多种风格的设计，并让Midjourney生成大量风格效果示例供客户参考。

在这种情况下，不限定风格数量，也不限定地域。可以直接提问"常见的咖啡厅风格有哪些？把它们的风格特点和英文翻译也写出"。这次直接要求ChatGPT提供英文对照，以便后续用Midjourney生成图片时使用。

ChatGPT会提供风格名称和风格概述，目前提供的咖啡厅风格都是比较常见的。继续向ChatGPT提问"不常见的咖啡厅风格有哪些？把它们的风格特点和英文翻译也写出"。

4. **未来主义风格 (Futuristic Style)**
   - 特点：现代和未来主义元素，使用金属、玻璃和高科技装饰，营造未来感。
   - 英文：Futuristic Style
5. **恐龙时代风格 (Dinosaur Age Style)**
   - 特点：仿古、古代恐龙元素，以迷人的史前时代为灵感。
   - 英文：Dinosaur Age Style
6. **飞行器风格 (Aircraft Style)**
   - 特点：飞机和太空元素，包括飞行器模型、太空装饰和航空历史展示。
   - 英文：Aircraft Style
7. **图书馆风格 (Library Style)**
   - 特点：模仿传统图书馆，大量书架、古老书籍和古典装饰。
   - 英文：Library Style
8. **草地乐园风格 (Grassland Paradise Style)**
   - 特点：户外/室内结合，仿照草地和花园景观，提供户外活动和野餐。
   - 英文：Grassland Paradise Style

这些不太常见的咖啡厅风格可以为客人提供独特的用餐和休闲体验，适合寻求不同寻常场所的咖啡厅经营者。

尽管ChatGPT目前提供的咖啡厅风格并不常见，但请读者记住，这只是ChatGPT知识库中的信息，实际情况每时每刻都在变化，例如图书馆风格其实是现今比较常见的一种类型。因此，不用过于纠结于具体风格是否常见或小众，读者要做的只是让ChatGPT提供更多的风格选项，然后从中选择适合当前项目的风格。另外，ChatGPT所提供的不常见风格只是一小部分，因为小众风格有很多种，只要设计师能想到，就能设计出对应的风格。如果需要更多小众风格，可以继续向ChatGPT提问。

如果风格的数量太多，将所有方案都交给客户选择并不是比较好的设计策略。在开始阶段，笔者建议采用"主、客观排除法"。即使客户没有明确想法，也知道自己不想要什么样的风格，即主观排除，这是一个常见现象。例如，客户可能会主动排除工业风或现代风等。在排除客户不想要的风格后，可以将剩下的风格全部通过Midjourney生成图片，供客户参考。

那么，什么是客观排除法呢？如果某个商圈中的咖啡厅大多采用某一种风格，那么可以建议客户避免使用该风格，以确保与其他咖啡厅形成差异。试想一下，在同一个商圈中，如果同类风格过多，消费者可能会产生审美疲劳。

目前，ChatGPT提供了18种风格选项。由于篇幅限制，这里只展示10个示例，以说明Midjourney能带来怎样的参考。当然，在实际项目中如果客户希望看到更多风格选项，作为服务者也应尽量满足客户的需求。毕竟，现在有了AI工具的支持，这种要求对于设计师而言并非无理取闹。

7.2.2 Midjourney风格演示

在使用Midjourney时需要进行一些设置。对于常见风格，应打开RAW模式，以使得图片更加真实；对于不常见风格，应关闭RAW模式，以使得Midjourney能够更加自由地发挥创意。在这里将分别展示常见风格和不常见风格各5个示例。

常见风格设计需要打开RAW模式。

》 现代风格咖啡厅

Interior design,Modern style coffee shop

» 古典风格咖啡厅

Interior design,Classical style coffee shop

» 工业风格咖啡厅

Interior design,Industrial style coffee shop

» 乡村风格咖啡厅

Interior design,Rustic style coffee shop

» 波希米亚风格咖啡厅

Interior design,Bohemian style coffee shop

上述参考图中包含了5种常见风格，每种风格有4张图片。这些图片足够提供给客户作为风格参考了。

接下来绘制5种不太常见的风格，可以关闭RAW模式。在此阶段Stylize保持默认即可，不需要将其设置得太高，以获得多样化的效果。在客户选择某一风格之后，在具体的参考方案中可以通过调整Stylize来获得该风格的更多变化效果。

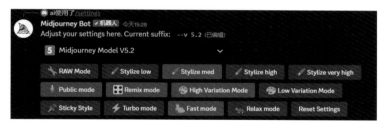

» 工艺风格咖啡厅

Interior design,Craftsman style coffee shop

» 未来主义风格咖啡厅

Interior design,Futuristic style coffee shop

Interior design,Dinosaur age style coffee shop

» 图书馆风格咖啡厅

Interior design,Library style coffee shop

» 飞行器风格咖啡厅

Interior design, Aircraft style coffee shop

7.2.3 配色设计

假设客户对未来主义风格产生了兴趣，接下来可以在未来主义的整体风格下初步选择颜色方向，例如可以为客户展示几个他们喜欢的色系的示例图片。如果认为客户喜欢的色系与当前风格不太相符，可以继续让Midjourney生成适合色系的示例图片给客户参考。

» 红色未来主义风格咖啡厅

假设客户喜欢红色，并希望看到红色在未来主义风格下的效果。在没有AI工具的情况下，实现这种要求是困难的。很多时候设计师心里明白如此搭配可能不好看，客户却坚持要看效果。以前，如果硬要画出效果图，会花费很多时间，而且客户看了之后可能会说："原来真的不好看，那就不要了。"设计师会感到非常烦恼，明明知道结果，却无法阻止，因为没有现成、客观、直观的图片供客户参考。如果不能满足客户要求，又担心失去这个项目。

这是一家红色的未来主义风格咖啡厅，采用的提示词内容为"室内设计中的未来主义风格红色系列咖啡厅"。再次提醒，如果不知道如何表达不同颜色和风格，可以直接使用ChatGPT进行翻译。

Interior design,Futuristic style red series coffee shop

» 白色未来主义风格咖啡厅

Interior design,Futuristic style white series coffee shop

» 黄色未来主义风格咖啡厅

Interior design,Futuristic style yellow series coffee shop

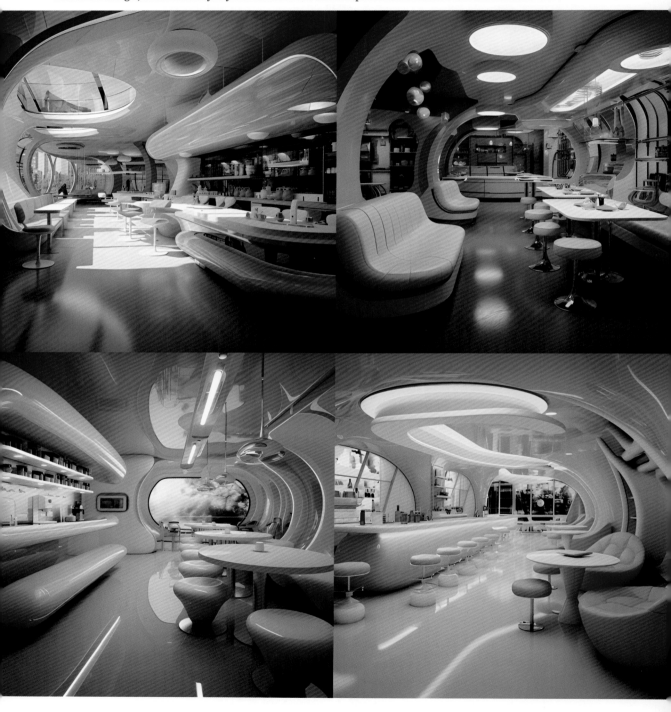

» 白色配黄色未来主义风格咖啡厅

Interior design,Futuristic style white and yellow series coffee shop

» 多色搭配

在设计时，设计师会不断地向客户展示各种颜色，以便客户初步选择颜色和风格的方向。确定了这个大方向后，设计师会根据实际工地的情况进行具体的设计。有些读者可能会问，如果客户要求使用多个主色进行搭配，能否满足需求？

当然是可以的，只是一般情况下不会这样做。如果客户坚持要看多个主色的搭配效果，Midjourney也可以为其呈现出来，方法与之前相同，只是需要提供更多颜色的提示词。如果客户在看了白黄搭配之后，想要加入蓝色进行观察，那么只需要输入相应提示词即可。

Interior design,Futuristic style white and yellow and blue series coffee shop

第 8 章

辅助室内工装空间设计

本章将介绍如何使用AI工具来辅助室内工装的空间设计，包含空间规划设计、局部翻新设计和毛坯房改造。注意,AI工具在室内设计中起到的作用为辅助和提供参考。

8.1 空间规划设计

工装的空间规划设计实际上相当于家装的户型设计。与家装相比，AI工具对工装的辅助作用较小。读者已经知道AI工具生成的参考图并不完美，仅能作为参考。在家装中参考图可以提供一些帮助，但在工装中的许多限制，AI工具无法处理。例如在工装中，风水中的一些方位在大多数从事商业活动的客户眼中都很重要，但AI工具却完全无法提供相关辅助。这些设计都需要依靠设计师自身的经验和知识。此外，空间用途的规划通常只有客户最清楚，因此设计师需要与其进行大量交流，共同解决空间规划问题。

对于新手设计师来说，如果还没有足够经验来解决所有问题，尝试使用AI工具以提供辅助可能是一个不错的选择。但是需要注意，这里的辅助是在抛开一些现实限制的情况下进行的，仅从空间设计方面提供辅助。AI工具无法解决现实中客户提出的需求，例如希望某个风水方位处于某个位置。

以咖啡厅为例，咖啡厅是相对简单且常见的工装类型，适合新手入门。希望读者通过这个简单的例子能够将AI辅助推广到其他工装项目中，将对自己有用的部分应用到实际中。这是一个宽约5m、深约9m的长方形店面，原本的卫生间在左上位置。

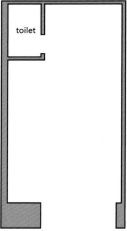

在进行空间规划之前，必须确切了解客户的空间需求。这是一个咖啡厅，而且面积非常有限。通常来说，面积小的空间规划反而更具挑战性，因为需要在有限的空间内满足客户的所有要求并保持合理性。

就工装方面而言，了解客户对空间的需求是尤为重要的，例如客户需要一个厨房进行食物加工，并需要存储各种备料；咖啡和各种饮料将在大堂的吧台制作；卫生间必须保留；大堂应尽可能容纳更多的人，但不应过于拥挤。

8.1.1 空间规划参考

现在可以采用与家装类似的方法，让Midjourney提供一些参考图供客户查看，目标是从这些参考图中快速获取一些想法。注意，这里只需要AI工具能够提供一点有价值的参考，并不指望它能提供完整的方案。面对AI辅助，读者应该去适应AI工具与工作流的关系，合理地运用它。

01 将平面图上传到Midjourney中，然后右击图片并复制图片的地址，输入提示词（这里需要先粘贴图片地址，并按Space键）。在生成过程中可以不断刷图来获取比较合适的方案。

02 初看之下4张图似乎完全没有用处，且Midjourney绘制的参考图质量非常差。在这里笔者想为读者提供一些"联想参考"的思路。现在已经确定了卫生间的位置，而卫生间与整栋楼房的结构有关，因此建议不要大幅改变卫生间的位置。这里可以寻找近似的解决方案，例如看看参考图中是否有与原平面图中卫生间的位置非常接近的空间。很明显，在第3张图中，有一个空间与原图的卫生间位置非常接近。

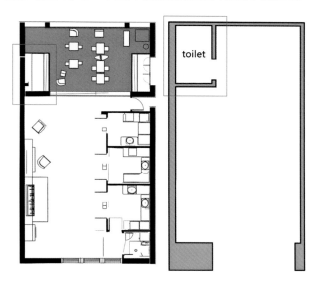

03 对比参考图，可以考虑在卫生间旁边设计厨房，以达到与参考图相似的效果。此时，可以初步确定设计思路。

04 继续观察参考图，可以发现参考图中的白色区域面积较小。根据这个观察结果，可以联想到将卫生间的面积缩小，以便为厨房划分出更多的空间。对于这家咖啡厅，这样的做法非常合理，因为可以为厨房提供更多可利用的空间。对于小型咖啡厅来说，卫生间并不需要占用太多的空间。基于这个安排，可以进一步延伸设计方案。

05 吧台应位于厨房侧。卫生间是为了方便客人而设的，因此门应该朝外。连接厨房和吧台工作空间的门是常见且合理的设计选择。

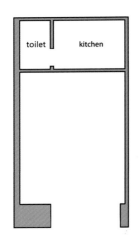

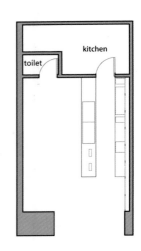

8.1.2 细节调整

基本上到这一步就不再需要继续依赖AI工具的辅助了。比较理想的状态就是这样，即AI工具帮助设计师快速得到一个设计灵感，然后设计师按照这个灵感合理地进行设计。下面还需要考虑卫生间的隔断和餐位的安排。由于卫生间空间较小，将洗手台置于卫生间外侧并设置隔断是较好的选择。对于餐位的安排，可以选择四人一桌的形式，也可以选择两人一桌的形式，或者是单人独立排座的形式。那么，如何安排才更合理呢？

笔者认为应先了解客户的经营方向。如果客户主要经营堂食，那么建议合理地安排独立的两人座和四人座。同时，吧台的操作空间可以保持现在一个门位的宽度，因为需要为顾客留出更多空间。如果客户主要经营外卖，并且要求生产效率，那么建议将吧台的操作空间加宽，并选择单人独立排座的餐位形式。同时，在墙边可以设置一体式沙发座椅，在外侧使用凳子。这样可以节省空间，使员工在出餐时拥有更大的工作空间。

最后根据以上所有要点完成空间规划。

总结起来，空间规划中AI工具的辅助能力有限，仍然需要依靠设计师自身的经验和知识。在这方面AI工具的作用是激发设计师的联想，以便快速确定初步方案。同时，这种"联想参考"对于锻炼设计师的思维能力非常有效，初学者可以多采用这种方法，以获得充分的锻炼。

8.2 局部翻新设计

工装中的局部翻新与家装类似，通常存在两种情况。第1种情况是对一个独立空间进行翻新改造，比如单独改造厨房或仓库等；第2种情况是对一个空间的局部进行改造，比如大堂中某处的改造或办公室中某一面墙体的造型改造。同样，利用AI工具辅助局部翻新设计的目的在于快速为设计师和客户提供多种方案以供参考，并非最终出图。

8.2.1 独立空间翻新改造

在这种情况下，并不需要在参考图中呈现场景的其他部分。例如，要改造公司办公楼内部的办公室，此时其他空间不需要被展示。先拍摄要改造的办公室。

01 将此图上传至Midjourney中，根据客户需求添加提示词，以便Midjourney能够快速生成多个可供选择的方案参考。开始前先设置两个允许更大幅度变化的选项，并将RAW模式关闭，这样可以增大Midjourney自由发挥的空间。

02 如果没有特定要求，只根据一张图片和一个内容为"办公室设计"的提示词就可以生成一组图片。在审视生成图和原图时，可以发现它们之间存在较大的差异，甚至空间布局也发生了很大的变化。这主要是因为给予了Midjourney更大的发挥空间。在客户没有具体要求的情况下，这些图同样能够提供一定的参考价值。例如将办公室的背景和吊顶替换为第2张图片的样式，效果还是不错的。

图片地址: Office design

03 现在把提示词设置得精准一些，用"现代简约办公室设计"作为内容。现在生成的4张图片与原图非常相似，尤其是第1张和第3张。如果客户只想进行小幅改动，例如仅更改办公室背景，那么这个尺度非常适合作为参考。如果想要改变吊顶，那么尺度大一点的图片会更加适合。

图片地址 Modern minimalist office design

04 现在来明确一些客户要求。客户认为现有的办公室环境太冷，希望进行一些改变，以创建一个更温暖的工作环境，但同时不要进行太大的改动，因为预算有限。基于这一要求，可以在现有提示词基础上添加一个颜色元素内容，即"暖色"。当然，也可以直接指定某种暖色调。

图片地址 Warm colors modern minimalist office design

05 目前，Midjourney只是将一面墙改成了暖色，其他大部分仍保持原图的黑白配色。这是由于垫图的图片权重。如果想要增加暖色的比例，可以减小原图的权重。在生成图片的提示词后面加上0.5的权重，可以让原图的权重减小一些，这样就会有更多暖色元素出现。再次生成的4张图都有很好的参考价值，可以参考将工作桌、沙发和背景换成暖色。鉴于客户的预算有限，现在的图正好保留了天花板和地板的原色。这样的效果与客户的需求和想法非常匹配。

图片地址 Warm colors modern minimalist office design --iw 0.5

8.2.2 空间局部翻新改造

在现场拍摄需要改造的空间。现在客户需要对吊顶和电视墙进行改造，其他地方保持不变。

01 方法和步骤与家装是一样的，上传图片，复制图片地址。使用提示词内容"会议室设计"，在后面加上"--iw 2"。

图片地址 meeting room Design --iw 2

02 第1张图的格局与原照片非常接近，单击"U1"按钮放大。在做局部调整之前需要将图中内容扩展一下，因为现在的电视墙显示不全，单击"Zoom Out 1.5x"按钮。

03 对比一下，第3张图相对适合，单独将其放大，用Vary（Region）来进行局部调整。用套索工具将吊顶和电视墙一起选中。

04 在不修改提示词的情况下，直接发送指令。很明显，大多数电视墙已经变成了窗户。由于现在没有相关提示词，且图片的权重为2，因此Midjourney认为设计师想将电视墙处的风格变得与原图更统一，所以直接将其变成了窗户。为了得到更好的效果，可以多刷几次。

技巧提示

　　可见，多次刷新是有可能获取所需图像的。在原始图像权重为2且不修改提示词的情况下（没有特殊指定词），Midjourney无法准确把握用户的意图，用户需要通过多次刷新来获得所需的参考。这种方法虽然麻烦，但优势在于可以同时调整吊顶和电视墙，一旦客户选好了其中一项，就可以确定该项并继续调整另一项。如果先单独调整吊顶，等客户确定后再调整电视墙，效率相对较低。读者可以根据自己的工作习惯选择合适的方法，没有一种方法一定好，或一定不好。

05 假设客户要求保持吊顶的简约风格，但需要增加更多的照明。此外，客户还希望在电视墙上安装一台更大的电视，而现有的电视墙尺寸不合适。经过多次修改后，客户从提供的参考图片中选择了一张。

06 调整电视墙。同样使用Vary（Region），选择电视墙部分，不修改任何提示词，直接发送指令。

07 有两张图片中的电视墙被转换成了窗户，而另外两张图片中的电视则被转换成了投影幕布。这里可以继续刷新图片，让Midjourney继续发挥创意，但是效率会很低。既然客户希望对电视墙进行改造，那么笔者建议使用指定词汇来进行局部修改。选取电视墙区域后，在下方指令框中添加"television"（电视）一词，这样Midjourney就会绘制电视。

08 Midjourney生成了4张新图。剩下的工作就是不断刷图给客户看，直到客户选中其中某张。这样，AI工具在这一个层面的辅助也就完成了。

8.3 毛坯房设计

　　这是一个服装店的毛坯房，目前情况是客户已经提供了参考图，希望设计师通过现场设计来展示客户自己所喜欢的风格。同时，客户也希望设计师能够抛开参考图，自由发挥，不受限制地展示其他风格。

　　要完成这个设计，有两个要点。第1点是利用Midjourney将现场的照片和客户提供的参考图融合在一起，以了解按照这个风格进行现场设计的效果；第2点是让Midjourney自由发挥，生成多种不同的风格供客户选择，以初步确定设计方向。

8.3.1 风格融合设计

01 尝试使用Midjourney的融合功能，输入"/blend"并选择该指令，在弹出的图片框中分别上传毛坯房照片和客户提供的参考图。

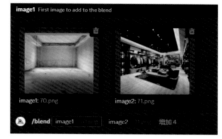

02 发送指令后Midjourney生成了4张融合后的图片。可以发现这里出现了与家装设计过程中相同的问题，这些图看起来很粗糙，不像完整装修后的效果。这是因为Midjourney生成图片时只基于上传的两张图片的内容，且它们的权重相同，所以这些图片在很大程度上保留了毛坯房的痕迹。

03 这种情况下可以为Midjourney提供一些提示。单击 🔄 刷新，指令框中只有两张图片的地址和--v后缀，没有任何提示词，在第2个地址后按Space键，然后输入"modern style clothing store design"（现代风格服装店设计）。

04 在提交命令后，Midjourney将生成4张新图。现在的这些图片已具有参考价值，并且与现场情况非常匹配。由于毛坯房照片的权重，现在生成的图顶部和地面效果与客户提供的参考图比较不同。客户提供的参考图顶部是黑色的，地面使用木地板。因此，现在需要进行局部修改。

05 如果客户认为第2张图看起来很接近他们的要求，就可以对第2张图进行扩展和修改，包括局部修改吊顶为黑色，局部修改地面为木地板。在进行下一步之前，可以不断刷图，直到达到整体上最接近客户要求的图片效果。现在尝试另一项调整，即调整图片的权重。在指令后面加上"--iw 0.5"，将图片的权重降低。

06 经过这样的设置，Midjourney生成了4张新的图片。可以看出，Midjourney的自由度有所增加，由于毛坯房的权重降低，最终只有第4张图最接近毛坯房的结构。这张图片完全可以作为当前想法的参考和实施依据。

07 当然可以继续扩展，单击"V4"按钮，就是让Midjourney以第4张图片为基础，继续生成图片。

8.3.2 风格自由设计

客户同时希望设计师在设计时自由发挥，即风格不受限制。此时同样需要向Midjourney提供毛坯房的图片，并通过图片和风格提示词，让Midjourney提供各种风格的效果示例供客户选择。生成提示词的过程可以看作是对之前讲解的ChatGPT用法的复习。如果只了解几种常见风格，并不能满足客户的好奇心。对于初学者来说，可能接触到的风格种类有限，很少有机会接触到不常见的风格。不过，现在可以大胆一些，结合使用ChatGPT和Midjourney来解决知识缺口和绘图成本的问题。

01 直接向ChatGPT提问："服装店设计的风格常见的有哪些？不常见的有哪些？把它们的英文翻译也列举出来。"一旦熟练掌握了这种问法，就不需要分开提问了，可以直接用一个复合问题得到所有想要的答案。如果对ChatGPT给出的答案不够满意，可以换一种问法，例如多次提问以得到更多不同的答案。

EJ 服装店设计的风格常见的有哪些？不常见的有哪些？把它们的英文翻译也列举出来

服装店设计可以采用各种不同的风格，以满足不同品牌和受众的需求。以下是一些常见的服装店设计风格以及一些相对不太常见的风格，以及它们的英文翻译：

常见的服装店设计风格 (Common Clothing Store Design Styles):

1. 现代风格 (Modern Style)
2. 时尚风格 (Fashionable Style)
3. 传统风格 (Traditional Style)
4. 工业风格 (Industrial Style)
5. 最小主义风格 (Minimalist Style)
6. 乡村风格 (Country Style)
7. 艺术装置风格 (Art Installation Style)
8. 高端豪华风格 (Luxury Style)
9. 包豪斯风格 (Bauhaus Style)
10. 波希米亚风格 (Bohemian Style)

不太常见的服装店设计风格 (Less Common Clothing Store Design Styles):

1. 蒙古草原风格 (Mongolian Steppe Style)
2. 星际科幻风格 (Interstellar Sci-Fi Style)
3. 地中海风格 (Mediterranean Style)
4. 巴洛克风格 (Baroque Style)
5. 日式和风格 (Japanese Wabi-Sabi Style)
6. 摩洛哥风格 (Moroccan Style)
7. 赛博朋克风格 (Cyberpunk Style)
8. 极地苔原风格 (Arctic Tundra Style)
9. 荧光色霓虹风格 (Neon Brights Style)
10. 巴西雨林风格 (Brazilian Rainforest Style)

这些是一些可能的服装店设计风格，您可以根据品牌的定位和受众的品位来选择适合的风格。设计风格的选择可以影响店铺的氛围和形象，因此需要谨慎考虑。

02 下面需要垫图，指令内容采用"图片地址+风格提示词+服装店设计"的形式，后缀可以提供0.5的权重，让毛坯房的权重降低，以生成相关风格的图片给客户参考，这里从ChatGPT的回答中选择5个常见和5个不常见的风格。

» 时尚风格

图片地址 Fashionable style clothing store design --iw 0.5

» 传统风格

图片地址 Traditional style clothing store design --iw 0.5

» 工业风格

图片地址 Industrial style clothing store design --iw 0.5

» 包豪斯风格

图片地址 Bauhaus style clothing store design --iw 0.5

图片地址 Bohemian style clothing store design --iw 0.5

接下来生成5种不常见的风格，关闭RAW模式，其他设置不变。

» 星际科幻风格

图片地址 Interstellar sci-fi style clothing store design --iw 0.5

» 巴洛克风格

图片地址 Baroque style clothing store design --iw 0.5

» 赛博朋克风格

图片地址 Cyberpunk style clothing store design --iw 0.5

» 极地苔原风格

图片地址 Arctic tundra style design --iw 0.5

» 巴西雨林风格

图片地址 Brazilian rainforest style design --iw 0.5

第 9 章

辅助室内工装陈设设计

　　本章将介绍如何使用AI工具辅助工装空间的陈设设计，包括陈设装饰选择和设施定制。本章的内容具有一定的灵活性，请读者掌握相关思路。

9.1 陈设装饰选择

　　AI辅助工装陈设装饰设计的思路与辅助家装中的家具设计相似，都是上传装修好但未布置装饰物的场景照片，利用AI工具生成差不多的效果，并通过局部修改功能进行装饰物摆放。这是一间刚刚装修完的办公室。

01 上传照片，复制照片的地址，使用/imagine指令，输入提示词，并设置数值为2的权重，让原图权重更高。

图片地址 A small unfurnished office --iw 2

02 第1张图的效果比较接近原照片。如果读者的结果中没有接近的，可以继续刷图。单击"U1"按钮后单击"Vary（Region）"按钮进入局部修改对话框。比如现在客户想摆放办公桌，那么就涂抹要放置办公桌的区域，然后将提示词修改为"A small office"（就是删除原提示词中的unfurnished）。

03 发送指令，生成的图片中第2张和第3张有一定的参考价值。如果觉得可用的图片不够，可以再次涂抹该区域，并进行刷图。

04 如果客户想要某种特定风格的办公室家具，可以通过修改提示词进行操作。如果客户想要一款工业风格的
办公桌，可以在提示词中加入"industrial-style office desk"。

　　这种方法可以将客户所需风格的家具在已完成装修的空间中的效果尽可能地展示出来。

9.2 设施定制

　　工装的设施定制和家装的家具定制在方法上是一样的,只是品类不同。前面提到的辅助定制酒柜方法完全可以应用到工装设施定制中。使用AI工具辅助定制时,最好加上"白色背景"和"前视图"等关键词,这样工匠师傅在参考时会更方便。

　　之前定制酒柜时没有指定风格,现在尝试指定想要的风格。如果要定制吧台,提示词可以使用bar counter design、white background和front view作为基础,在此基础上添加风格提示词和后缀,以获得不同的吧台参考图。

　　之前演示AI辅助家装家具定制时,展示了RAW模式开启和关闭分别对应--s 50、--s 100、--s 250和--s 750的效果。读者已经了解这些参数与Midjourney自由发挥尺度间的关系,即它们的调控效果。现在将减少组合数量,只演示RAW模式关闭和开启分别对应--s 100、--s 500的效果,即将--s值分别控制在较低和较高的位置,通过具体效果来评估这个数值的合理性。

9.2.1 现代简约吧台设计

　　关闭RAW模式。

modern minimalist bar counter design,white background,front view --s 100

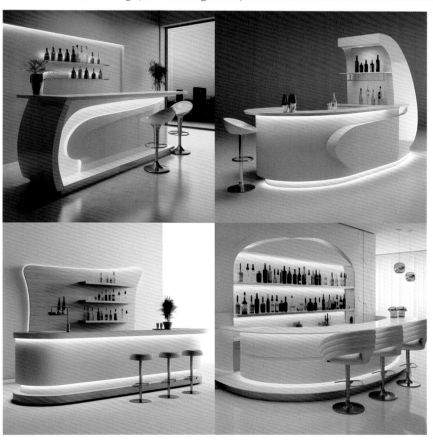

开启RAW模式。

modern minimalist bar counter design,white background,front view --s 100

9.2.2 赛博朋克吧台设计

现在尝试生成不常见的赛博朋克风格吧台设计。将白色背景换成黑色背景可能更加适合这种风格。关闭RAW模式。

cyberpunk-style bar counter design,black background,front view --s 100

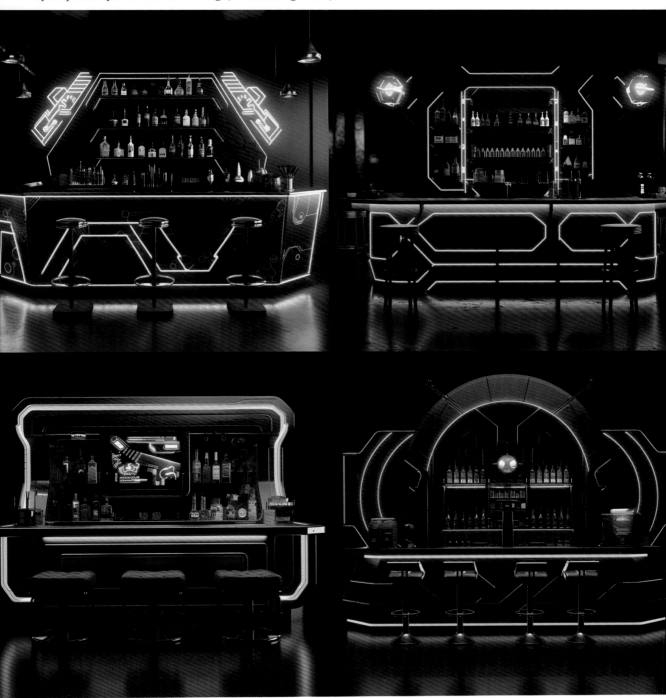

cyberpunk-style bar counter design,black background,front view --s 500

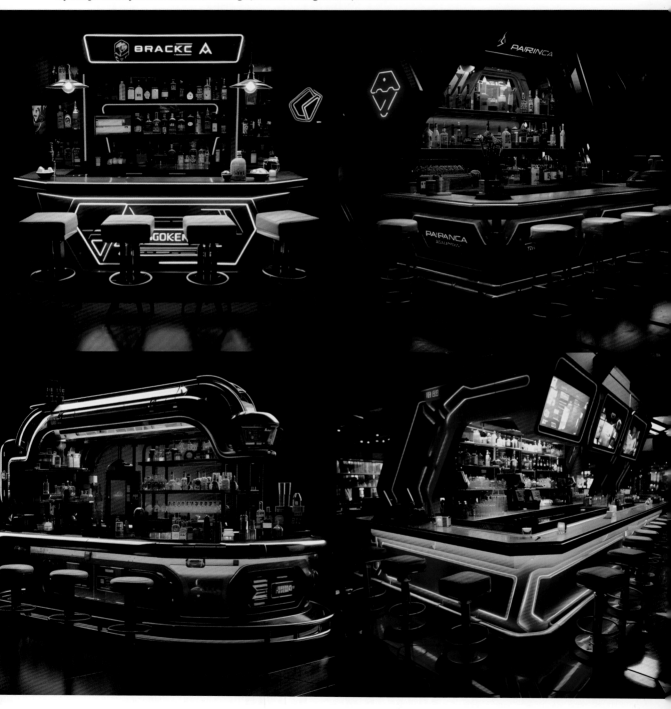

开启RAW模式。

cyberpunk-style bar counter design,black background,front view --s 100

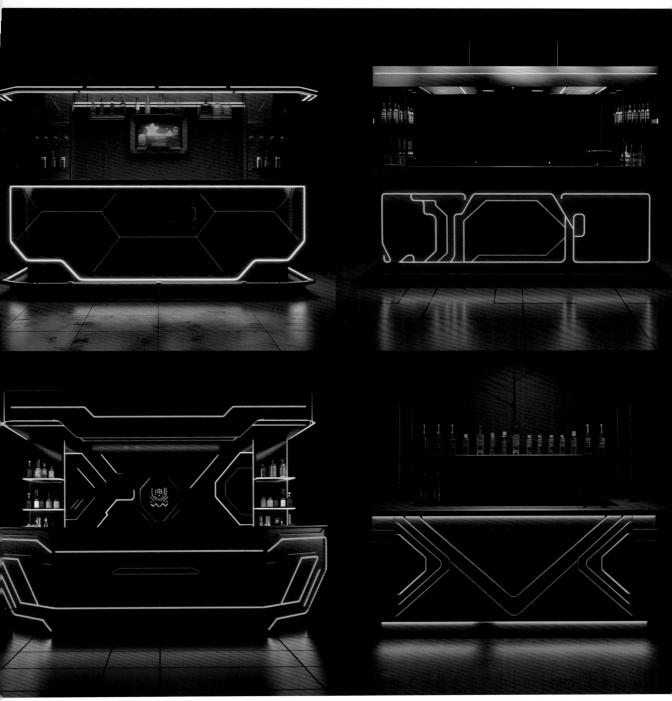

cyberpunk-style bar counter design,black background,front view --s 500

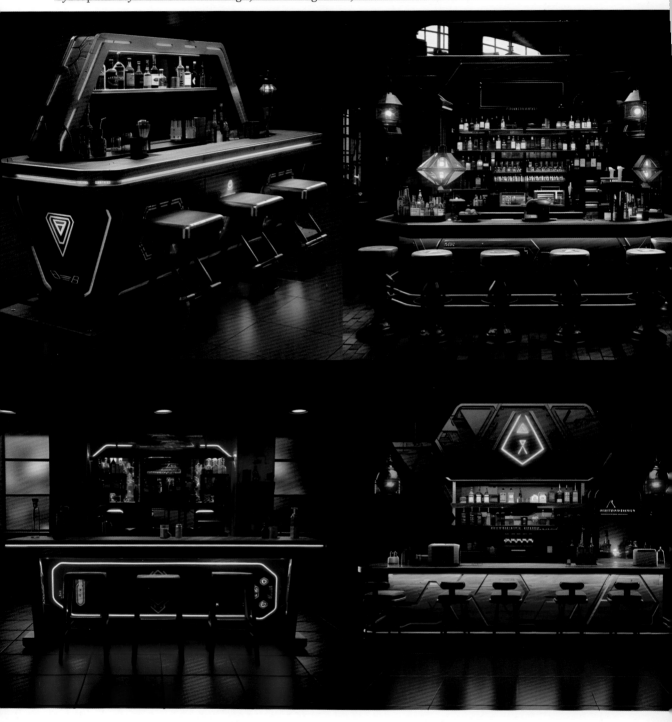

关于其他风格，这里不再演示。在工作中，读者只需根据当前项目的风格需求直接输入相应的提示词。